2021 年河南省哲学社会科学规划项目：河南传统村落景观风貌特色的保护研究（2021BYS048）

2022 年河南省科学技术厅重点研发与推广专项项目：河南美丽乡村建设中的特色资源优选与绿色开发路径研究（222102320323 ）

景观绿色设计

刘磊　编著

东南大学出版社·南京

图书在版编目（CIP）数据

景观绿色设计 / 刘磊编著 . — 南京：东南大学出版社，2023.3

ISBN 978-7-5766-0019-3

Ⅰ . ①景… Ⅱ . ①刘… Ⅲ . ①景观设计 Ⅳ . ① TU983

中国版本图书馆 CIP 数据核字（2021）第 281498 号

书　　　名：景观绿色设计

　　　　　　Jingguan Lüse Sheji

编 著 者：刘　磊

责任编辑：贺玮玮（编辑邮箱：974181109@qq.com）

责任校对：张万莹

封面设计：王　玥

责任印制：周荣虎

出版发行：东南大学出版社

社　　址：南京市四牌楼 2 号　邮编：210096

网　　址：http://www.seupress.com

经　　销：全国各地新华书店

印　　刷：南京玉河印刷厂

开　　本：787 mm × 1092 mm　1/16

印　　张：8

字　　数：198 千字

版　　次：2023 年 3 月第 1 版

印　　次：2023 年 3 月第 1 次印刷

书　　号：ISBN 978-7-5766-0019-3

定　　价：40.00 元

前　言

一、生态文明建设的需要

生态文明是继农业文明、工业文明之后的又一种文明形态，它以人与自然、人与社会、人与人的和谐共生为宗旨，有人曾形象地比喻：如果说农业文明是"黄色文明"，工业文明是"黑色文明"，那么生态文明就是"绿色文明"。

在我国的绿色文明建设版块中，乡村既是传统农业中最基本、最主要的承载单位，也是我国生态文明建设不可或缺的重要组成部分[①]，其发展的质量和速度都直接左右着国家综合实力的提高。一直以来，党和政府都非常重视农村的发展——自 2004 年至 2020 年的十余年间，中共中央、国务院先后发布过 17 个以"三农"为主题的"中央一号文件"，足见对于乡村建设的重视；在 2017 年出台的十九大报告中，强调必须坚持"农业农村优先发展"的国策不动摇，必须继续以"绿色化""生态化"的导向为核心引导新时代发展。因此，"以生态文明建设为主导，以循环经济为基础，以绿色管理为保障，发展模式向可持续发展转变，实现资源节约、环境友好、生态平衡、人—自然—社会和谐发展"的绿色标准，已然成为"望山见水记乡愁""美丽中国""乡村振兴"等一系列国家战略目标达成的关键判断依据。

众所周知，旅游开发之于乡村的价值和意义早已为业界、社会所肯定，2019 年 7 月开始，国家大力实施的休闲农业和乡村旅游精品工程，都被多次肯定为构建乡村产业体系的重要举措。但遗憾在于，现下国内的乡村旅游开发本质仍属于一种对乡土资源的开发，更为可怕的是，这种开发将在很长一段时间内都难以摆脱速度至上、效益至上的"伪生态"模式。以河南为例，其所代表的"狭义中原"[②]自古便是华夏民族主流农耕文明的发祥地，但碍于天灾、人祸等种种历史遗憾的荼毒，当地多数的传统村

---

① 据第六次全国人口普查显示：截至2010年，我国的城镇居住人口占全国人口总数的49.68%，乡村居住人口则占到了全国人口总数的50.32%。

② 中原有"狭义"与"广义"之别：狭义中原，一般特指河南省及其临近的少数区域；广义中原，则可泛指含河南、江西、安徽、湖南、湖北5省的整个华中地区。

落遗存均不同程度地面临着风貌基底残破、史证资料缺失、风貌特色失语、资源低效利用等问题。此外，由于中原文化谱系先天便具有"脉络庞杂、交相糅融"的特点，这些"非友好"的调研环境共同致使所有针对当地的专题研究难度极大、推进缓慢……久而久之，研究深度的不足和指导理论的匮乏便进一步制约了当地的乡村建设和生态可持续成效。

二、乡村振兴推进的需要

景观风貌，是乡土环境区别于城市环境的最外显表现，也是地域之间形成差别、地域个性 IP 塑造的最基本凭借，是乡村重新焕发活力最为倚重的吸引力来源。可遗憾在于，近年来市场上涌现出了大量的建设顽疾，像仿效、拼贴、抄袭、杜撰等不规范的行为令乡村开发始终难以摆脱千村一面的泥沼，建设性破坏和破坏性建设构成的无解死循环已经严重影响到了乡村振兴事业的践行成效。概括起来，这些问题集中体现在以下几个方面：

首先，开发理念和规划手法呈现雷同倾向。当前如传统村落、历史文化村落、景观村落等一干乡土文化景观资源的评定，主要以建筑、街巷等有形的物质遗存密集度和久远度作为指标，而"划定保护区"的文物保护观念逐渐令乡村规划滋生出一种套路化倾向，即笼统划定出"圈层式"的保护范围（如重点／核心保护区、控制／一般保护区等）。诚然，这种规划思路因易于操作、相对全面而容易被市场接受，但严谨地看：一来，它毕竟背离了村落长时间发展层积出的细腻而丰富的景观肌理；二来，这种粗犷的圈层界定本身就极易割裂原本连贯的风貌结构；三来，各地的村落单元原本享有独立的生命发展周期，而这种"普及"了的开发形式直接抹杀了各地域间、村落间的鲜明风貌特征。正如中国城市和小城镇改革发展中心理事长李铁所言："千篇一律的开发模式已成为制约传统村落开发成效的核心问题。"

其次，乡村振兴的地域板块之间存在非对等性。某种程度上说，正是由于地域特色的鲜活和景观资源的丰富，传统村落被誉为"积淀真实历史烙印的活化石与博物馆"。事实上，除苏、浙、皖等地区的传统村落遗存相对保持着较高的风貌质量外，还广泛存在着如中原这类风貌基底残破、史证资料缺乏的特殊地区，如前所述，"先天"造成的尴尬本就极大地拖延、滞后了其开发进度，如若再不通过政策倾斜、资金支持、专题集中研究等手段加以调控，以均衡的整体发展眼光做出引导，势必会再度因地域之间的差异拉大而最终导致上位生态建设布局的非平衡性。

再次，精细化、特色化、绿色化理念的践行不足。随着我国的城镇化建设进入拐点时期，如历史遗产保护、地域文明传承、乡土资源挖掘等工作都面临着精细化、特色化、绿色化的深度践行要求。仍以乡村旅游开发为例：2016 年发布的统计数据显示，我国当年的休闲农业和乡村旅游接待量就高达 21 亿人次，有专家预计到了 2025 年，该数字会跃升至 40 亿人次。在惊叹之余，我们更要敏锐地注意到在如此庞大的市场潜力需求面前，如何高效、合理地利用特色乡土资源无疑至关重要，因为无论是不可再生的历史遗产资源，抑或是得天独厚的自然景观资源，都难以承受透支利用和生态破坏的代价。可见，今后与"旅游产品"相伴的，必将是内生动力延续、后期竞争力保持、生态指数提高等专项问题的讨论。

三、专业乡建梯队的培养需要

大学生是最富活力、学习能动性最强的人群，具有难以置信的创造力，只要稍加引导，其蕴含的潜能和产生的价值就难以估量。然而，城市化进程的加快并没有为乡土资源的全方位保护和专业乡建梯队的培养留足时间，轰轰烈烈的乡村振兴事业亟须一批态度端正、能力突出、敢打敢拼的新鲜血液注入，而社会对应用型、技能型人才的专业需求越大，严谨、丰富的教学资源储备就越应该得到重视。可惜的是，被冠以"绿色""生态"的著述或重于纵向理论研究，多见于学术论文和科研专著，或重于主流的城市问题与单一的技术问题，真正能够被景观设计师、建筑设计师、室内设计师所用的专题教材，少之又少。

正是在这种背景之下，本套丛书应运而生，率先出版的《景观绿色设计》将前沿的绿色、生态、可持续理念纳入景观专业教学，通俗易懂地讲述了从经典学术思想到设计展开过程的方方面面，深入浅出地解读了景观绿色设计的精髓要点，并在理论引导的同时，尤其注重"乡土情境"这一专题背景下的项目实操细节，帮助同学们理性形成科学、线性的设计逻辑。

教材面市之后，既可以成为大中专院校的课程教材，也可以作为园林学、建筑学、规划学、设计学等专业师生的辅助参考资料，更可以作为乡建人才技能培训的专业用书。

目　录

第一章 景观绿色设计的概念认知

1.1 何为"绿色设计"

1.1.1 本质与可持续思想一脉相承

绿色设计（Green Design），也可称为"生态设计"（Ecological Design）、"环境设计"（Design for Environment），是指在产品的全生命周期内，综合考虑产品的功能、质量、开发周期和成本的同时，通过各项优化措施尽可能地减少产品制造对资源、环境造成的不利影响。

绿色设计的兴起，源于一场保护自然资源、防止工业污染的反破坏生态平衡运动[①]。该运动最初源起于 20 世纪 60 年代美国汽车工业所造成的废料污染问题，由记者万斯·帕卡德（Vance Packard）率先对其展开了猛烈抨击。而这一事件只是表面上的诱因，其深层根源应该追溯到 1972 年可持续思想的提出。1972 年 6 月 16 日，联合国在瑞典首都斯德哥尔摩召开了第一次人类环境会议，会议通过了著名的《人类环境宣言》，这标志着世界各国政府共同探讨全球环境保护战略的帷幕正式拉开。1992 年 6 月 3 日，联合国又在巴西里约热内卢召开了"第二次世界环境与发展会议"，签署通过了《里约环境与发展宣言》（又名《里约宣言》）、《21 世纪议程》、《气候变化框架公约》、《生物多样性公约》等一系列影响更为深远的文件，它们共同奠定了可持续发展的世界基调，生态可持续理念迅速渗透至生产、生活的各个领域（图 1–1、图 1–2）。

在景观设计领域，美国景观设计师协会于 1993 年 10 月发布了《ASLA 环境与发展宣言》，第一次以景观设计师的视角提出了呼应《里约宣言》的具体做法，一针见血地点明了景观设计师肩负的历史责任，其中如人类文化和聚落共同繁荣、全球生态系统健康关联、让后代持续享有与我们相同或更好的环境、生态环境保护必须作为世界环境保护的有机组成部分等观点，都成为坚持至今的业界主旋律。

---

① 该运动又被称为"反消费运动"。

图1-1　城市中的汽车尾气污染　　　　　图1-2　严重交通堵塞导致的城市环境质量下降

可持续发展思想的成熟，正代表了人类为达到资源合理利用与自然生态承载之间和谐共生关系的努力，从最初的"以人为本""减少盲目利用""减少人工对自然环境带来的破坏"，到现在已完全制度化的绿色"3R"（Reduce、Reuse、Recycle）原则确立，能够明显看出两种理念本质上的一脉相承（图1-3、图1-4）。

图1-3　雅典娜神庙饭店的垂直花园1　　　　图1-4　雅典娜神庙饭店的垂直花园2

伦敦雅典娜神庙饭店（Athenaeum hotel）或许是迄今最引人注目的垂直花园，1.2万株植物将这座8层楼高的外墙装饰了"反重力"的绿色世界。这个典型体现出3R原则的设计由法国国家科学研究中心研究员、植物学家帕特里克·布兰克（Patrick Blanc）研究得出。其"绿色"之处绝不仅在于绿色的覆盖面，而恰恰在于其自我维持性。沿墙壁生长的植物不仅不需要土壤，而且还可以自行起到吸收空气污染物、隔音、隔热的作用。据说，项目落成后很多年都不用人工打理，只要能够令墙面植物不间断地接触水源，它就可以一直维持绿意盎然。

要想达到这种效果：首先，在墙面上安装金属框架；其次，框架上覆盖 1 毫米厚的 PVC 薄板来保持墙面干燥；再次，再铺上一层用于吸收水分的防腐尼龙毡，毡上有无数容纳植物的人工口袋；最后，一个与毛细血管类似的全自动灌溉系统定期将水平均分配到墙体表面，从而保证植物可被完全灌溉。

1.1.2 各国关于可持续设计的尝试

其实早在 19 世纪末期，西方城市便因为工业化大生产而导致了人口剧增、环境恶化等一系列问题，但真正促使人们痛定思痛，并下决心反思如何解决开发建设与资源保护的矛盾，则是到了 19 世纪末至 20 世纪初。那么本节就为大家列举其中一些较为经典的思想和案例，它们都曾在可持续、绿色理念的形成过程中起到了至关重要的作用，也都是风景园林学专业的必读内容，对同学们理解绿色设计大有裨益。

1.1.2.1 奥姆斯特德与波士顿公园体系

波士顿公园体系是通过增加、连接城市公园，来构筑城市绿色景观系统的最早先例，它由"现代园林之父"、美国设计师弗雷德里克·劳·奥姆斯特德（Frederick Law Olmsted）设计于 1880 年。该公园体系突破了美国城市传统方格网格局限制，以河流、泥滩、荒草地所限定的自然空间作为定界依据，通过 200~1500 英尺①宽的带状绿化将数个公园连成一体。最终，波士顿市中心整体成为一处优美、宜人的"超大型公园"，也被誉为波士顿的"蓝宝石项链"（图 1-5~图 1-7）。

1.1.2.2 霍华德与田园城市

辩证地看，这一时期的"田园城市"与后世常提及的"花园城市"存在本质区别，田园城市的思想由英国社会活动家埃比尼泽·霍华德（Ebenezer Howard）在 19 世纪末所提出，受到空想社会主义者罗伯特·欧文（Robert Owen）的理论启发，霍华德认为应该建设一种兼具城市和乡村优点的理想型城市——"田园城市"（图 1-8~图 1-10）。

---

① 1 英尺 = 0.3048 米。

图1-5 波士顿公园体系鸟瞰效果

图1-6 波士顿公园体系水体效果

图1-7 波士顿公园体系实景效果

一座理想的田园城市，其规划思路具体如下：

第一，田园城市的最佳直径最好不超过2公里，占地面积最好约为6000英亩[①]，平面是一个半径约1240码[②]的圆形。

第二，城市居于圆形中心，占地约1000英亩，城市的中央是一个面积约145英亩的公园，公园周围由公共建筑环抱。

第三，6条主干道构成了城市的路网结构主体，它们从中心向外把城市分成6个区，其余的林间小径呈放射状。

第四，中心城市的外围是宽阔的林荫大道，在林荫大道内侧设学校、教堂等公共建筑，外围则是绿化带和农田。

第五，城市四周是农业用地，约占5000英亩，农业用地是保留性的绿带，永远不得改作他用。

第六，除耕地、牧场、果园、森林外，还包括农业学院、疗养院等，在这个约6000英亩的田园城市中，共能够容纳约32 000人居住，其中的约30 000人住在城市中心、其余的约2000人散居于乡间。整个城市鲜花盛开，绿树成荫，人们可以步行到外围绿化带游玩。

第七，一旦这座城市的人口超过了规定数量，则应在周边建设另一个新的田园城市。

田园城市的构想初衷，就是打造一个完善的城市绿色景观系统，该理论的影响深远，被认为是19世纪四大代表性的城市设计理念之一[③]，从1944年"大伦敦规划方案"中城

① 1英亩 = 0.405公顷。

② 1码 = 0.9144米。

③ 所谓"四大城市设计理念"是指：方格城市（1811）、带形城市（1882）、田园城市（1903）、工业城市（1904）。

外环绕设置的 5 英里绿带就不难看出田园城市理念的影子①（图 1-11）。

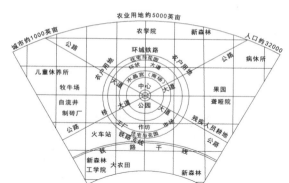

图1-8　田园城市的理论模型1　　　　图1-9　田园城市的理论模型2

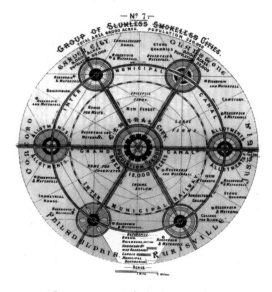

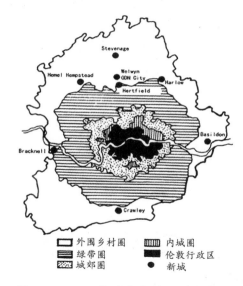

图1-10　田园城市的理论模型3　　　　图1-11　1944年的大伦敦规划方案

1.1.2.3　沙里宁与有机疏散理论

有机疏散理论（Theory of Organic Decentralization）由著名美籍芬兰裔建筑大师伊利尔·沙里宁（Eliel Saarinen）提出，致力于通过大城市疏导的理念来解决 20 世纪初期大城市过分膨胀所诱发的各种弊病。在沙里宁的经典著作《城市：它的发展、衰败与未来》（*The City: Its Growth, Its Decay, Its Future*, 1943）一书中，将有机疏散理论描述为"一改往日集中布局的，既分散又保持紧密联系的有机体。此外，不同城区之间还设有大量的带状绿地作为隔离……"（图 1-12、图 1-13）。

———————————
① 1英里=1.609344公里。

田园城市理论和有机疏散理论对现代城市规划的发展、新城建设和景观设计产生了深远的影响。这些规划原则在后来的爱沙尼亚大塔林市规划（1913）、大赫尔辛基城市规划（1918）、莫斯科总体规划（1935）等方案中一一得到应用。

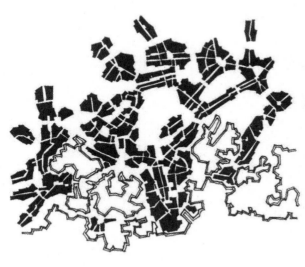

图1-12　有机疏散的城市平面模型　　　　图1-13　《城市：它的发展、衰败与未来》

1971年的莫斯科总体规划，即采用环形绿地和楔形绿地相结合的绿地系统布局模式，将城市分隔为多中心结构，城市外围设置有10~15公里宽的带状森林公园，为城市创造了良好的生态环境（图1-14、图1-15）。

图1-14　莫斯科总体规划局部效果1　　　　图1-15　莫斯科总体规划局部效果2

1.1.2.4　麦克哈格与设计结合自然

二次大战后，西方的工业化和城市化发展达到高峰，无序的城市蔓延令城郊的环境生态系统遭到破坏，甚至威胁到了人类的生存。1969年，英国著名景观设计师伊安·麦克哈格（Ian McHarg）率先扛起了生态规划的大旗，其撰写的《设计结合自然》（*Design with*

Nature, 1969）一举建立了当时景观规划的最高准则，令景观设计专业在奥姆斯特德奠定的内涵基础上取得了巨大的推进（图1-16、图1-17）。

图1-16　伊安·麦克哈格　　　　　　　　图1-17　《设计结合自然》

　　麦氏一反以现代主义城市规划思想中划定功能分区的做法，强调应充分尊重土地、自然资源本身固有的生长属性和生长过程，并提出了以分层分析和地图叠加为技术核心的"千层饼式"规划理论。从此以后，景观设计被真正拔升到严谨的自然科学高度，堪称20世纪城市规划史上最重要的一次革命（图1-18、图1-19）。

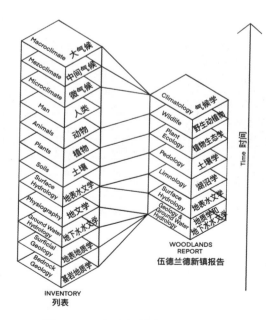

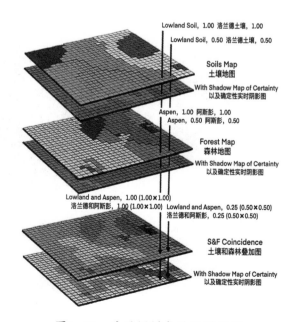

图1-18　千层饼模式的理论模型　　　　　　图1-19　千层饼模式的规划模型

1.1.3 时代发展对绿色设计原则的要求

景观设计，本就是以创造高质量空间环境为己任的学科门类，由于其"先天"便涉及了植物、水体等自然资源的处理，其设计宗旨又与"生态""绿色"有着千丝万缕的联系，所以随着绿色设计的持续深入，景观设计也相继产生了一系列与之相应的理念。

1.1.3.1 低影响开发

低影响开发（Low Impact Development，LID）理念，最早提出于1977年美国佛蒙特州的生态土地利用规划，是通过模拟自然水文来实现雨水控制、雨水利用的生态雨洪管理方法（图1-20、图1-21）。

低影响开发技术的使用原则包括以下五点：

（1）保持场地开发前后的水文特征不变：设计前应深入研究场地的水文特征，包括区域降水、自然水文状况、上下游连通性、汇水区位置和径流路径。

（2）注重雨水的综合管理：将建筑屋顶绿化作为起点，综合利用雨水花园、高位花坛、储水罐、可渗透铺装等设施，合理引导雨水的下渗和雨水的收集循环再利用。

（3）冗余系统管理：从源头开始即保持低影响开发基础设施之间的相互连接性，将分散的雨水处理基础设施连接起来，创造系统冗余以便延长径流。

（4）优化景观功能：利用景观生态绿地的雨水下渗、雨水净化、蒸发降温、排放、收集等功能，减少雨水径流量，调节微气候环境。

（5）维护与推广：注重场地建设后的维护与管理，向大众普及低影响开发的生态效益。

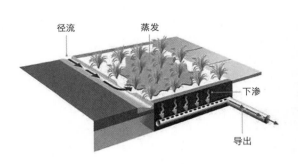

图1-20　金斯顿市水敏性城市设计

图1-21　美国High Point住宅区

1.1.3.2 海绵城市

海绵城市在国际上的通用术语为"低影响开发雨水系统构建"，是指城市能够像海绵一样，在适应环境变化和应对雨水带来的自然灾害等方面具有良好的弹性，也可称之为"水弹性城市"。其原理是在下雨时进行吸水、蓄水、渗水、净水等操作，需要时再将蓄存的水释放并加以利用，从而实现雨水在城市中自由迁移（图1-22～图1-24）。

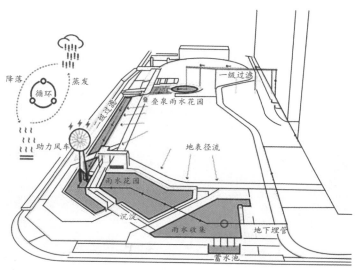

图1-22　深圳深湾街心公园

图1-23　深圳深湾街心公园鸟瞰图

图1-24　深圳深湾街心公园平面图

1.1.3.3　低成本开发

所谓"低成本"，是指使用成本较低的设计形式（包括资金成本、技术成本、材料成本等），达到与此前成效相当甚至更好的设计效果。这就要求选用性价比较高的材料、合理的人员和物资分配，以合理控制经济成本（图1-25）。

具体的低成本开发措施包括以下 4 个部分：

（1）结合既有的资源条件，减少对场地资源的过度消耗，减少原材料的采购、运输成本。

（2）在满足功能的前提下，合理控制景观设计的软硬比例，减少水泥构筑等高成本的材料使用。

（3）减少过于复杂的施工工艺及人力损耗。

（4）设计时不仅要充分考虑使用者的欣赏水平，还要考虑园林后期的维护。

图1-25　低成本回迁社区局部效果图

1.2　何为"景观绿色设计"

1.2.1　景观绿色设计的核心关键词：循环

1.2.1.1　经济学领域的"循环"

循环（Cycle），顾名思义，就是指"具有规律性的重复操作"，比如计算机编程中的"重复执行语句"就是"循环"。若要形成循环，必须具备两个基本条件——"循环体"和"循环结构"。所谓"循环体"，就是一个"能够被反复执行的程序、事物或要素"，所谓"循环结构"，就是一个"在某种条件下反复执行某段程序的流程"，它决定了循环持续到何时为止（图1-26、图1-27）。

图1-26　线性循环结构

图1-27　编程中的重复执行原理

1.2.1.2　生态学领域的"循环"

再来看看生态学对"循环"的定义，它指的是生态系统中的物质循环，即生态系统中生物成分和非生物成分之间的物质往返流动过程。景观生态学认为，在一套完整的生物群落中，循环过程依次经由生产者（producer）、分解者（decomposer）和消费者（consumer）的连锁作用得以实现（图1-28、图1-29）。

生产者，是连接无机环境和生物群落的桥梁，维系着整个生态系统基础的稳定。

分解者，是连接生物群落和无机环境的桥梁，负责将生态系统中的各种复杂有机质（尸体、粪便等）分解成水、二氧化碳、铵盐等可以被生产者重新利用的物质。

消费者，是指那些通过捕食和寄生关系在生态系统中传递能量（以动植物为食）的异养生物，其中，以生产者为食的消费者被称为"初级消费者"，以初级消费者为食的被称为"次级消费者"，其后还有三级、四级之别。

图1-28　自然界中的生态循环示意1

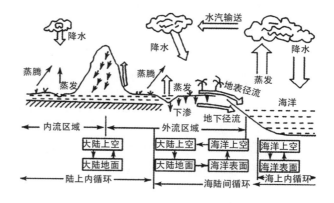

图1-29　自然界中的生态循环示意2

1.2.1.3　设计学领域的"循环"

结合计算机学、生态学中的"循环"定义，不难看出其中的某些原理正与设计界注重的"绿色""生态"理念有异曲同工之妙。究其原因，或许在于设计全流程中的基础素材、分析实施过程、服务受众，恰好扮演着生产者、分解者、消费者的角色。

基础素材，是指为设计、建设提供基本功能支持的资源，如植物品种、空间环境、建筑材料等（图1-30~图1-38）。

图1-30　行道树素材

图1-31　铺装素材

图1-32　观赏花卉素材

图1-33　空间素材：广场

图1-34　空间素材：街巷

图1-35　空间素材：室内

图1-36　建筑素材：原木

图1-37　建筑素材：毛石

图1-38　建筑素材：钢板

分析实施过程，是指结合既有条件和具体要求，运用分析、制图、施工等方法对设计任务进行分解实现的过程，如后面要讲到的加、减、乘、除等方法，它们通过对基础素材的结构、功能、形态"分解"，不断挖掘出其利用价值。图1-39、图1-40就展示了一块场地的分解过程。

图1-39　原始空间

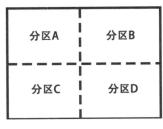

图1-40　功能分区的划分

图 1-41~ 图 1-43 展示的是一个廊架景观由草图构思到实际落成的过程。

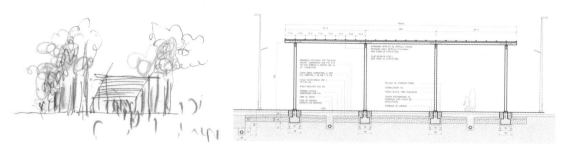

图1-41 廊架景观的方案草图 图1-42 廊架景观施工图

图1-43 廊架景观的建成效果

服务受众，是指针对不同人群的使用目的、需求所定位的设计结果，它们是设计结果的获益者（图1-44）。

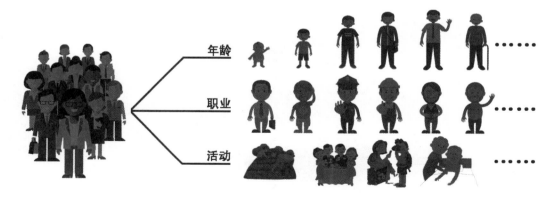

图1-44 服务受众的分解逻辑

1.2.1.4 "循环"内涵的深入理解

经过上述分析，不难归纳出不同领域对"循环"一词理解的共性：

其一，无论循环对象是抽象的计算机程序，抑或是具体的实体要素，都强调某种特性或功能的重新利用，且要求重新利用的环节之间能够互相转换，比如外观与利用方式之间、功能与利用方式之间。

其二，在重新或反复利用的过程中必然存在若干个关键环节，且一方面这些环节的先后顺序相对固定，另一方面又能够形成闭环联结。

基于以上两点共性的理解，我们再来审视景观绿色设计中的"循环"逻辑，便会清晰很多。

第一，循环的目的，都是为了将建设所需资源的各项属性进行最大化利用。

景观绿色设计中"循环"的基本原则，就是在避免资源浪费和环境破坏的前提下，挖掘以往建设条件下未曾注意到的实用价值或美学价值，通过巧妙、多元的思路转换，在设计条件、设计策略、设计效果之间促成可持续的联结闭环。

第二，循环设计的思路，就是仿效生态系统中的分解机制，从而达成绿色、生态效益。

在"生产者"发挥作用的第一个阶段，积极采用现代生产加工技术，实现基础素材搜集渠道的低成本化。在"分解者"发挥作用的第二个阶段，灵活采用转置、组合、分解等设计理念与手法，创新基础素材的潜在价值应用渠道。在"消费者"发挥作用的第三个阶段，精细分解不同设计情境、条件下的"消费需求层次"，尤其在乡土情境下，力争完成由粗浅、直接的功能需求向高级、深层的审美需求递进。

1.2.2 景观绿色设计的核心关键词：重组

1.2.2.1 经济学领域的"重组"

重组（Restructuring），原是经济学领域的专有名词，专用于描述发生在企业中的组织形式改变、经营范围改变或经营方式改变行为（图1-45、图1-46）。

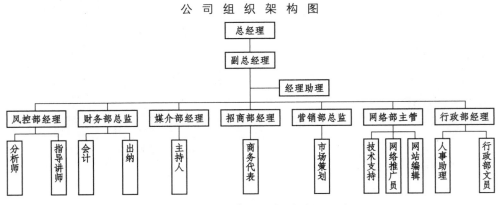

图1-45 企业管理结构的重组示意

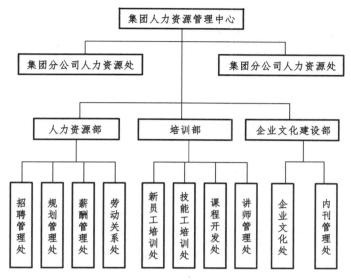

图1-46 企业人力资源管理的重组示意

1.2.2.2 设计学领域的"重组"

设计学中虽然没有"重组""重组设计"这类专有名词，但有"更新"（renew/replace）一词可代之。根据《辞海》中的解释，"更新"有两重意义："renew"，即革新、除旧布新、陶冶情操之意；"replace"，即旧去新来之意。这就不难看出，虽然从领域上看，经济学与设计学好像相去甚远，但二者却都表达了一个共通的意思——形式的改变。而本节所要讲到的"重组"，正特指在原有资源的基础上，采用灵活的设计方法，重新激活已失去原有效能、价值的资源潜力。由此可见，以何种视角、何种方式取得创新，将是理解"重组""重组设计"的关键。

1.2.2.3 "重组"内涵的深入理解

（1）解构与重组的差异

解构（Deconstruction），其哲学渊源最早可追溯到1967年，哲学家雅克·德里达（Jacques Derrida, 1930—2004）基于对语言学中结构主义的批判，提出了"解构主义"理论。他的核心理论是出于对"结构主义"本身的反感，认为符号本身已能够反映真实，对于单独个体的研究比对于整体结构的研究更重要。由于西方哲学的主流本质是一种形而上学的历史，其原型是将"存在"定为"在场"，那么借助这一概念，德里达将此称作"在场的形而上学"。

解构主义就是打破如社会秩序、婚姻秩序、伦理道德秩序等一系列现有的单元秩序，同时，"打破"还意味着对创作习惯、接受习惯、思维习惯等无意识性格的颠覆。一言以蔽之，"打破"的目的在于——创造更合理的新秩序（图1-47）。

图1-47　雅克·德里达

图1-48　沃特·迪斯尼音乐厅

图1-49　德国维特拉家具展览中心

图1-50　毕尔巴鄂美术馆

解构主义设计，是一种极为重要的后现代设计风格，是对古典主义、现代主义正统原则和标准的批判性继承，它由后现代派的设计师们所创造，率先兴起于20世纪80年代后期的建筑设计领域。解构主义认为设计的本质就是要着力表现如局部构件、片段肌理的分离效果，直接对古典主义、现代主义、构成主义所强调的统一性、整体性和结构有序性给予了否定，它虽然运用了大量现代主义的设计语汇，却以颠倒、夸张、叠加、打碎、重构的方式重新定义既有语汇间的关系，从逻辑上否定了美学、力学、功能等基本的设计原则，重视部件个体的本身特征表达，常因反对总体的统一而刻意创造出一种支离破碎的不确定感（图1-48~图1-50）。

（2）景观绿色设计对"重组"的强调

绿色设计中的"重组"，与解构主义设计提倡的部分逻辑不乏耦合之处，比如它们都主张通过拆分、剥离、抽取等"分解"的方式来重新认识原有事物特征，但二者间最为明显的区别在于以下两点：

第一，绿色设计中的"重组"，其拆解目标主要针对原有对象的形式和功能。

第二，绿色设计中的"重组"，并不像解构主义设计那样刻意夸张拆解后的局部要素特征。

之所以在景观绿色设计中强调"重组"，与当下提倡的生态可持续理念密不可分，这在乡土性的设计情境中表现得尤为明显。众所周知，5000年传统农耕社会背景下所形成的乡村，始终秉承着"天人合一"的建设逻辑：其建设材料皆取自自然，但又不凌驾于自然；其建设原则，无论是尺度、形态，抑或是功能、审美，都保有一种淳朴的"适度性"。随着时代变换带来的世界观、审美观更新，加之建设技术、生产工具的效率提升，原本适应于传统生活状态下的基础设施、家具器械、住宅院落，无论是性能还是尺度，都已不太适应，并渐渐脱轨于当前的生活状态。所以，针对这种矛盾，设计师不应把这些所谓的"过时之物"直接丢弃，此做法既不符合中国乡土社会世代传承的节俭之风，又会对生态环境、经济成本造成极大浪费。

1.2.2.4　景观绿色设计中的重组逻辑

（1）功能属性的呈现状态重组

根据前面的学习，我们已经知道任何景观要素都包括实用和审美两种功能属性，倘若将这两种功能与地域特有的认知、审美习惯相结合，则很容易转化成为某种地域专属性或情境专属性较强的视觉形象符号，当受众看到这些符号时，便会自然而然地产生对该地域（或该情境）内物产资源、文化习俗、风貌特征的指向性联想。

照此逻辑，通过两个步骤来使其形象化为易于凭借的方法"公式"：

首先，对景观要素的拟使用情境做出细分，它们会因服务人群的差别而分为"乡土"和"现代"两种使用情境。

其次，把这些景观要素按"整体"和"局部"两种呈现状态进行细分，得到表 1-1，表中的任意一对组合，即表示了一种可行的重组逻辑。

表 1-1　景观要素呈现状态的重组逻辑

乡土景观要素	实用功能	局部
		整体
	审美功能	局部
		整体

再来看下面一组图例，画面中的主体要素均为围墙：很明显，乡土情境下的围墙，其功能只要简单的防护和领域界定，而现代情境下的围墙，只保留了简单的门框，此时的功能更多地是作为装饰之用（图 1-51、图 1-52）。

图1-51　作防护之用的围墙

图1-52　作装饰之用的围墙

　　同样来看常见的屋瓦：在乡土情境中的屋瓦，只是作为基本的避雨、引水落地之用，而到了现代情境中，屋瓦改变了习惯认知的使用位置，或被堆叠成艺术感强烈的造型，或用于园林铺装。可见，它们以前不曾被注意的审美功能得到了挖掘（图1-53~图1-56）。

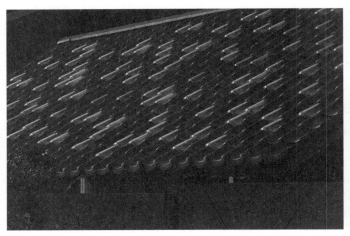

图1-53　景观亭中的屋瓦

图1-54　民居中的屋瓦

图1-55　作艺术堆叠之用的屋瓦

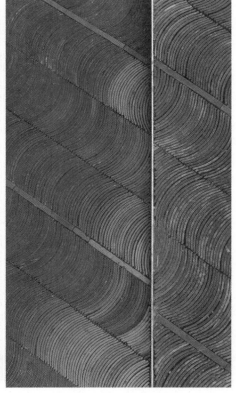

图1-56　作铺装之用的屋瓦

无独有偶，类似的例子还有石碾、磨盘等传统农具，在新的时代背景下，设计师都通过位置、功能的"重组"继而实现了有机再利用的效果（图1-57、图1-58）。

图1-57　乡村中常见的石碾

图1-58　现代乡村改造中的石磨景观节点

（2）要素利用方式的重组

将视角从景观要素本身扩大至空间场景，会自然引出另一种重组逻辑——利用方式。根据刚才的分析，不管是对景观要素的实用功能，还是对其审美功能，都无外乎可归纳为4类利用方式，即保留、置换、删除、强化/弱化（表1-2）。

表1-2　景观要素利用方式的重组逻辑

乡土景观要素	实用功能	局部　　　　　保留 整体　　　　　置换 局部　　　　　删除 整体　　　　强化/弱化
	审美功能	

根据上述逻辑，来看图1-59、图1-60中景墙的要素利用方式：首先应用的是"保留"，分别从拖拉机、收割机等农用器械中回收废旧部件"轮胎"；其次应用到的是"置换"，轮胎被嵌入带孔洞的墙面上。

图1-59　保留下的废旧轮胎

图1-60　置换后轮胎成为墙面的特殊符号

由此可见，"重组"是景观绿色设计的一种常见策略，它是对节约、高效、经济、可持续等绿色设计理念的经典诠释。通过本节讲授的"重组"关联逻辑，我们能够非常轻松地挖掘出原有材料和空间的"重生潜力"。

1.3 乡土情境下的"绿色材料"认知

1.3.1 普通材料与绿色材料的概念辨析

提到材料，大家都不会陌生，它和设计的关系犹如食材之于厨师。根据设计类别的不同：室内设计用到的材料，一般用于建筑内部的墙面、顶棚、柱面、地面等界面之上，大体包括石材、板材、片材、型材、线材等5种类型；建筑设计用到的材料，一般分为木材、竹材、石材、水泥、混凝土、金属、砖瓦、陶瓷、玻璃等结构材料，涂料、油漆、镀层、贴面、瓷砖等装饰材料，以及防水、防潮、防腐、防火、隔音、隔热、保温、密封等专用材料（图1-61~图1-66）。

图1-61　竹板材　　　　　　图1-62　钢筋　　　　　　图1-63　木方

图1-64　水泥　　　　　　图1-65　陶瓷　　　　　　图1-66　隔音棉

景观设计中常用的材料和室内、建筑材料颇为相似，同样分为石材、木材等类型，但由于其大都处于室外，更易受到气候、温度等自然环境的影响，故通常都会结合具体的设计专题进行分类，比如装饰石材、驳岸石材等。随着生态理念和可持续思想的普及，室内设计、建筑设计、景观设计都越来越重视材料选择的"绿色性"（图1-67～图1-69），但实际发现多数同学对绿色材料的认知仍存在误区，概括起来有两种：

误区1：认为"乡土材料"就是"绿色材料"；

误区2：认为"植物多的材料"就是"绿色材料"。

图1-67　驳岸设计中的石材　　　图1-68　广场铺装中的石材　　　图1-69　具有特殊肌理效果的石材

那么，该如何正确认知绿色材料呢？要回答这一问题，我们最好从"绿色材料"的概念起源说起。"绿色材料"的概念，首次提出于1988年召开的第一届国际材料会议，会议上首次确定了"绿色材料"的3种范畴：

第一种，利用洁净能源进行开发的材料，比如太阳能、风能、水能、潮汐能等新型能源（图1-70～图1-72）。

第二种，能够同时满足建设强度要求和环保要求的材料（图1-73～图1-75）。

图1-70　太阳能　　　　　　图1-71　风能　　　　　　图1-72　水能

图1-73　结构绝缘板　　　　图1-74　真空保温板　　　　图1-75　3D打印材料

第三种，不会危害环境和人体健康的材料，比如环保涂料等（图1-76、图1-77）。

图1-76　环保板材　　　　　　　　　　　图1-77　环保地板

1.3.2　乡土情境下的"绿色"要素认知

在一般的景观设计中，我们大可以按照上述3种官方表述来选择材料，但一旦落实到"乡土"这种特殊情境时，便会发现其适用性存在一定程度的"缩水"。比如，如果完全采用一般的绿色材料，则很容易产生两种后果：第一，虽然在"绿色指数"上达了标，但对应的经济成本急剧上升；第二，虽然保证了一定的"生态效益"，但设计效果却沾染了浓重的人工痕迹，很难得到原住民、消费者等多数受众的情感认同。由此可见，"乡土性"和"绿色性"至少在这时很难对等（图1-78、图1-79）。

图1-78　人工痕迹浓厚的乡土设计：建筑　　图1-79　人工痕迹浓厚的乡土设计：广场

根据笔者的教学经验，要使学生深刻地认识材料，不能空谈理论，我们可以从一些优秀的设计案例中去揣摩设计师对材料的选择，我们来看下面一组图片（图1-80~图1-88）。

图1-80　武义梁家山清
啸山居民宿1

图1-81　武义梁家山清
啸山居民宿2

图1-82　先锋厦地水田书店1

图1-83　先锋厦地水田书店2

图1-84　安仁华侨城南岸美
村老酒坊改造1

图1-85　安仁华侨城南岸美
村老酒坊改造2

图1-86　Hei店莫干民宿

图1-87　无象归园

图1-88　临海余丰里民宿

通过观察，不难发现这些优秀的乡土设计，在材料选择上都具备一大共性——广泛选用了项目所在地常见的本土材料。事实上，不论是植物还是建材，从本地选择都不失为取巧的做法，原因在于：

第一，这些材料长期适应于地域性的气候、土壤、光照、水文等因素，具有较强的抗逆性和适应性。

第二，从成本控制的角度来讲，大量使用这些材料能够显著提高生物多样性，降低养护成本，凸显景观的地域特色。

1.3.3　乡土要素的景观化转换

上面的例子只是让同学们体会优秀设计中对绿色材料的选择视角，但若自己置身于乡土情境下进行景观设计时，你应该如何去具体地选择材料呢？笔者认为有以下三种：

第一种，乡土植物。乡土植物是指在没有人为影响的条件下，经过长期的物种选择与演替，对特定地区生态环境具有高度适应性的自然植物区系的总称。巧妙使用乡土植物，能令设计具有乡间野趣（图1-89~图1-104）。

图1-89　野花：蓟　　　图1-90　野花：角蒿　　图1-91　野花：苦苣菜　图1-92　野花：马兰花

图1-93　野草：苍耳　　图1-94　野草：车前草　图1-95　野草：牛筋草　图1-96　野草：叶下珠

图1-97　农作物：棉花　图1-98　农作物：水稻　图1-99　农作物：小麦　图1-100　农作物：玉米

图1-101　攀缘植物：　　图1-102　攀缘植物：　　图1-103　攀缘植物：　　图1-104　攀缘植物：
　　　　　葫芦　　　　　　　　　牵牛　　　　　　　　　丝瓜　　　　　　　　　紫藤

第二种，乡土建材。普通意义上的"建材"是指砖、石、瓦、木材、竹材等材料。而这里所说的"乡土建材"，则是指按照乡土特有的加工工艺，或者按照乡土特有的审美原则进行处理后，重新利用于景观营造之中的材料（图1-105~图1-107）。

第三种，废弃材料。或许看到这里，有同学想说，废弃材料有什么好用的？其实在很多情况下，所谓的"废弃"，只是不适合于原有的场景和一般的使用习惯而已，倘若能够稍稍转换一下视角，不难发现这些材料仍然具有用武之地。此外，在营造地域特色的过程中，倘若能够合理利用这些废弃、破旧的材料，将大大节约资源和能源的耗费，并体现

出对历史的尊重和地域的传承。关于这部分内容，在后面的章节中还有详细的论述（图
1-108~图 1-110）。

图1-105 瓦墙

图1-106 竹编墙

图1-107 砖笼墙

图1-108 废弃材料应用：
墙面装饰

图1-109 废弃材料应用：
功能构件

图1-110 废弃材料应用：
铺装

第二章 景观绿色设计的学前准备

2.1 理性推敲的线性思维养成

2.1.1 为什么要培养连贯的线性思路

在方案构思过程中，脑海中所形成的设计思路一般有两种：第一种是呈线性的、连贯的思路，但这种思路要求有较强的逻辑推理能力，或者至少具备较扎实的专业知识积累；第二种是片段的、零碎的思路，这种思路明显更为常见，它实际上就是俗称的"灵光一现"，或者产生于无意识浏览的过程中，或者产生于步行途中看到的某个符号形象，又或者产生于闲谈时听到的某句诗词歌赋。应该如何训练线性、连贯的思路？又应该如何快速记录并有效拓展片段、零碎的思路？这都是我们有必要讨论的话题。在本节中，我将首先向大家讲解线性、连贯思路的训练和培养。

实际上不只是设计，论点清晰、逻辑流畅、表达连贯的线性思路，是一个人"理性"的最典型表现。遗憾在于，并不是所有的人天生都具有理性的线性思路，甚至会有同学禁不住发出疑问："老师常说，设计师都具有跳跃式思维，因为思维越跳跃，创造性越强……"果真是这样吗？恐怕并不尽然。

设计师并非艺术家，二者的区别从作品受众就可见一斑——艺术家的画作可以抽象，可以个性，甚至夸张，他不必过度迎合大众品位，有欣赏水平的"伯乐"该会看见自然会看见。但设计师呢？如果他的作品不考虑大众尺度，不考虑共性需求，不考虑逻辑关系，一味按个人好恶行事，恐怕很难卖得出去。所以，我们应该将"灵感"视为设计过程的"起点"，无论你用什么方式来刺激自己找到"起点"（灵感），可一旦灵感确立，我们就要一步一步地严谨推进（图 2-1、图 2-2）。

而通常情况下，线性思路的"起点"更多起始于下列三种情境：

第一，收到明确的任务指示；

第二，被参考资料中的某个兴趣点吸引；

第三，实地踏勘后触动了对某种设计或应用经验的联想。

相较第一种情境，后两种情境对于大家而言出现得更为频繁。所以，我们先对第二种情境进行分析。实际上，兴趣点的出现同样分为两种状态：

第一种状态是指有意识的查找，由于此时对自己需要的查阅目标或内容较为熟悉，所以与其说是"查找"，倒不如用"检索"更为贴切。

第二种状态则是在无意识、无目标条件下的查找，而从"无意识浏览"到"有意识查找"的状态切换临界点，就在于是否发现了"吸引物"。

吸引物，既可以是某个具体的艺术造型，也可以是某种新奇的排版格式；既可以是同专业领域的某个专有名词，也可以是不同专业领域内最不为人在意的公式符号。总之，每个人所感兴趣的"吸引物"皆不相同。可关键问题在于，找到兴趣点不难，难就难在如何长久保持吸引物对自己的有效作用时间。

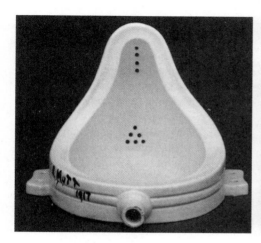

图2-1 杜尚的《泉》

图2-2 达利的《记忆的永恒》

2.1.2 什么是真正的连贯线性思路

根据多年来的教学经验和设计实践，个人推荐按照下面两种视角去正确审视"吸引物"，比如下面的这个案例（图2-3）。

在这个改造项目中，A、B、C 地块包括文化南路东侧的地块 A、主入口的 B 地块和西侧湖区的 C 地块。A 地块内原有一片长势较好的林带，其本不在园区内，但此次的公园扩建设计将之作为一条绿色通道纳入其中。

不知道同学们看到这个案例会怎么想？如果老师去看，我常常会先关注形态，因为它的视觉冲击力最强，对设计意图的表达也最直接，而且，我会按照以下几个问题串成的线索来进行思考：

首先，我更加关注各分区的平面形态是怎么得出的，因为它们通常必须与整体的场地形态，以及其他功能分区的形态保持协调的咬合关系。

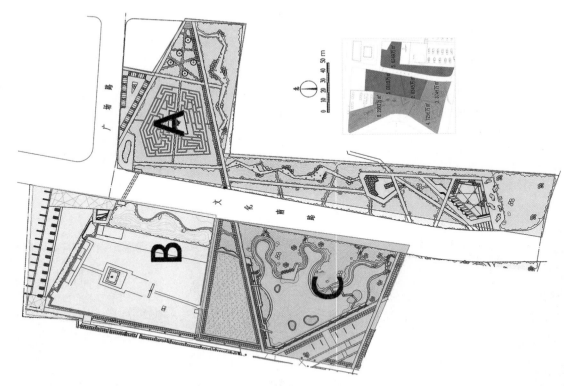

图2-3　新疆博乐人民公园平面

　　其次，我比较关注的是那些有限制条件的形态处理，比如当受到地形、遗迹等因素影响时，这些区域一般不会保持规整，那么设计师怎么在其内部处理这些异型空间？

　　再次，我需要关注每个功能分区的出入口分别采用了哪种与外部衔接的设计形式。

　　对于第一个关注点，或许要经过一段时间的推敲才能得出答案，不过没关系，我们不要因为它而耽搁时间，直接看第二个关注点[①]——对于那些受地形、遗迹等限制条件影响的地块，它们是如何在不规整边界内实现规整布局的。

　　在本案中，设计师运用了以下策略来解决：

　　（1）将文化南路东侧的A地块内的原有林地做微地形处理，营造舒适惬意的步行动线；

　　（2）设置小型的休憩空间，但尽量淡化流动与停留空间的界限，使之以同一种形式出现；

　　（3）西侧的湖区对文化南路敞开，通过次轴线的视线引导、台地式的高差处理以及自然曲线的下沉空间，完成非常自然的游线视角转换（图2-4、图2-5）。

――――――――――

① 做设计和做试卷类似，相同之处在于，如果遇到一时解答不出的题目，切忌过度死抠；不同之处在于，设计步骤的理解前后关联很强，有时后面慢慢理解了，前面的所谓"难题"也就不再难以理解了。

图2-4　不规则地块中的节点布局　　　图2-5　水景游线的视角转换

实际上，本节的内容不在于系统地分析案例，而是让大家了解老师的思考模式，而这种思考模式的一大特点就在于引导大家将视线从对微小、单体要素的关注，转移至对宏观、要素组织关系的解读。同时，这种连锁性的设问方式，正是线性、连贯思路培养的科学方式。

2.2　高效快捷的辅助工具推荐

2.2.1　绘图工具：三色笔与硫酸纸

2.2.1.1　三色笔

记号笔是一种可在纸张、木材、金属、塑料、搪瓷、陶瓷等多种材料上进行书写的笔，有水性和油性之分。水性记号笔，可以在光滑的物体表面或白板上写字，用抹布就能擦掉，油性记号笔则不易擦除。现实中，常有一些人习惯把记号笔称作"勾线笔"，但二者存在一定区别，勾线笔常被用于绘画创作，尤其是工笔绘画、漫画、水粉画等类型的创作，用勾线笔描绘的轮廓线条较细，易于覆盖修改。此外，勾线笔的笔头多为狼毫制成，也有大小、长短之分（图2-6~图2-8）。

在景观设计中，笔者更习惯使用双头油性记号笔，它和硫酸纸搭配起来非常流畅，较细的笔头用来起稿，较粗的笔头用来强化或修改定稿。而且，笔者常用黑、红、蓝三色进行区分（图2-9、图2-10）。

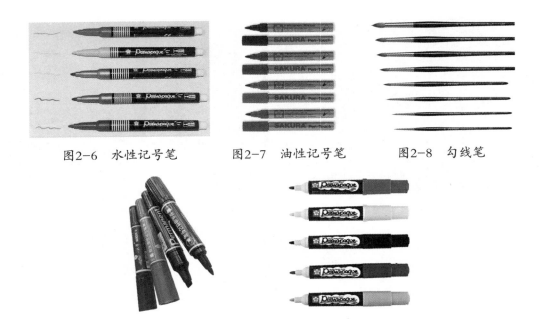

图2-6　水性记号笔　　　　图2-7　油性记号笔　　　　图2-8　勾线笔

图2-9　双头油性记号笔　　　图2-10　双头水性记号笔

笔者在具体使用时，通常会按以下习惯步骤进行：

第一步，先使用细头蓝色记号笔，在硫酸纸上标出基本的放线网格或其他参照物（图2-11）；

第二步，在此纸面上覆盖一层硫酸纸，综合使用黑色记号笔的细头和粗头，推敲设计方案草图（图2-12）；

第三步，在这张硫酸纸上再覆一层硫酸纸，使用红色记号笔进行错误或肯定之处的标记（图2-13）。

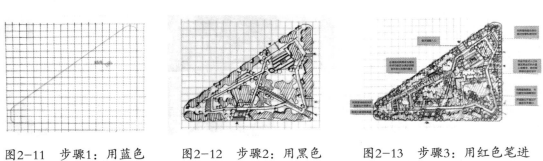

图2-11　步骤1：用蓝色　　　图2-12　步骤2：用黑色　　　图2-13　步骤3：用红色笔进
　　　　笔画出放线网　　　　　　　笔的细头和粗　　　　　　　行肯定、错误标记
　　　　格或参照　　　　　　　　　头推敲方案

2.2.1.2　硫酸纸

硫酸纸，又称"制版硫酸转印纸"，具有纸质纯净、强度高、透明度好、不变形、耐

晒、耐高温、抗老化等特点，但同时，硫酸纸的透气性、对油墨的吸附性和色彩的再现能力差。起初，硫酸纸主要用于印刷制版业，后来被广泛应用于手工描绘、激光打印、美术印刷、档案记录等领域。

硫酸纸有盒装和卷装两种包装形式：盒装售卖的硫酸纸（图2-14），一般多见A3、A4两种规格；卷装售卖的硫酸纸（图2-15），一般多见A1卷装（62 cm×70 m）和A2卷装（45 cm×70 m）两种规格。根据厚度的不同，又可分为63 g、73 g、83 g、90 g等多种型号。此外，还有白色（图2-16）、黄色（图2-17）、粉色、蓝色等多种色彩选择。

在景观设计中，硫酸纸常被用于草图创作阶段，设计师充分利用其透明的特点，快速进行方案推敲和描图参考。

图2-14　盒装硫酸纸

图2-15　卷装硫酸纸

2.2.2　资料收集：微信与抖音

处在媒体信息时代，我们应充分利用手机、平板等通信设备的海量存储功能，云盘、网络存储等便捷的资料信息查阅功能为设计提供方便。试想：谁还会抱着一摞厚厚的纸质资料出入办公室和施工现场？所以，"即时性"就成为设计师的高效保障。同样，微信、抖音也早已不再是年轻人的专属标配，我们完全可以借助其"标签分类"功能，时刻地记录自己所需的各类信息。就笔者本人而言，我的个人资料库分为以下三类：

第一类，案例参考：主要用来收集各类场景下自己感兴趣或已获得广泛认可的经典优秀方案（图2-18、图2-19）；

第二类，教程技巧：主要用来收集软件、手绘、规范等专业技能方面的经验分享（图2-20、图2-21）；

第三类，设计素材：主要用来收集如效果图、施工图制作方面的基础素材（图2-22、图2-23）。

长时间的实践证明，通过这样的操作不仅可以极大

图2-16　白色硫酸纸

图2-17　黄色硫酸纸

地开拓专业视野，而且可以避免"书到用时方恨少"的尴尬。

图2-18　案例参考分类标签示意

图2-19　不同分类中的缩略图展示1

图2-20　教程技巧分类标签示意

图2-21　不同分类中的缩略图展示2

图2-22　设计素材分类标签示意

图2-23　不同分类中的缩略图展示3

2.2.3　思路整理：思维导图

思维导图（The Mind Map），又称脑图、心智地图、脑力激荡图、灵感触发图、概念地图、思维地图，由著名心理学家东尼·博赞（Tony Buzan）（图2-24）发明，是一种利用图像辅助思考的工具。我们知道，放射性思考是人类大脑的自然思考方式，每一种进入大脑的资料，不论是感觉、记忆或是想法——包括文字、数字、符码、香气、食物、线条、颜色、意象、节奏、音符等，都可以成为一个思考中心，并由此向外发散出成千上万的关节点。每一个关节点，都代表着与中心主题相关的联结，而每一个联结又可以成为另一个中心主题，继而再向外发散出成千上万的关节点，最终呈现为像大脑神经元一样互相连接的立体放射结构。思维导图的运行原理，便以此为基础，使用一个中心关键词来引起其余的分类关键词，以辐射线形连接起所有的关联想法（图2-25~图2-27）。

图2-24 东尼·博赞

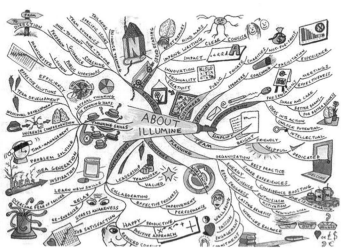

图2-25 思维导图范例

自20世纪80年代传入中国，思维导图最初被用来帮助那些学习困难的学生克服学习障碍，后来被引入企业培训领域，作为提升个人及组织学习效能的方法工具。在平时的景观设计中，我们完全可以利用它快速、线性、多元的特点，推导凝练自己的创意构思。当你慢慢习惯了思维导图的训练，会惊喜地发现从前琐碎、毫无头绪的分析逻辑正在慢慢改善为结构化的"追问"意识。现在，手机上涌现出了各式思维导图软件，同学们大可根据个人的审美喜好选择一款投身其中。

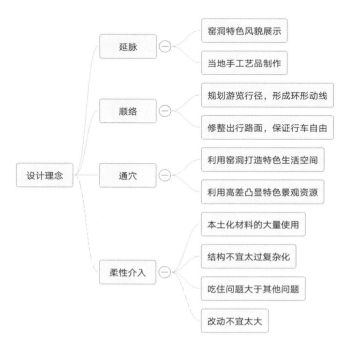

图2-26 具体设计项目中的思维导图1

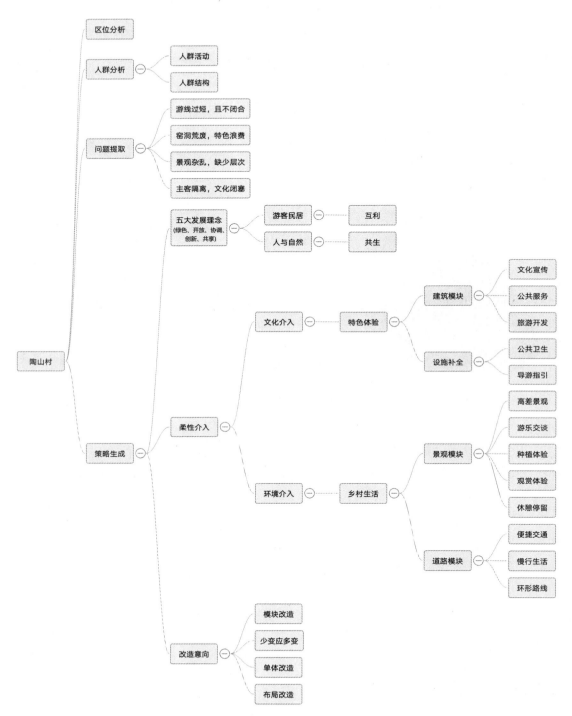

图2-27　具体设计项目中的思维导图2

2.2.4　设计的必经之路与最佳捷径："抄袭"

笔者在初学设计之时，曾听老师说道："优秀设计师和蹩脚设计师之间一个很大的差别，就在于一个会抄，一个不会抄。"当时尚不懂得"抄"的深意，只是直觉认为这句话基本等同于古时秀才调侃诗词写作时的"天下文章一大抄"。直到某天忽然不经意地发现，自己已经能够从"原封不动地通篇照搬"，慢慢过渡到"只模仿分区""只参考形态""只体味造景手法"……原来，"抄"的精髓正在于斯！为了尽量不让同学们走弯路，笔者认为颇有必要总结一下"抄"的心得。

2.2.4.1　"抄袭"的初步理解

当笔者成为一名大学教师后，笔者也常常对学生讲："抄袭有高明、拙劣之分，这种差别体现在'手法'和'程度'两方面。从手法上看：模仿得越具象，则手法越拙劣；模仿得越抽象，则手法越高明——通俗地讲，就是乍看之下很像，可仔细再看又不像。从程度上看：模仿的单元个体越多、面积越大，则越不可取，反之则为吉。"和当时的笔者一样，每每听到这些话，学生似乎有所感悟，可课下与之闲聊时发现，他们也只是觉得"抄袭"就等于"比葫芦画瓢"——对于纯形式的模仿。而且，相较"抄袭"的手法来说，"抄袭"的程度也更好理解，因为它可以凭数量多少直观判断。但本节所要重点论述的，还是"抄袭"的手法。要想掌握高明的"抄袭"手法，又要从"可抄"的内容说起。

"抄袭"的内容，实际一致于景观设计的过程环节，诸如主题制定、分区组织、路线设置、节点造型、植物搭配……这些皆可是"抄袭"的"素材"。那么，哪些内容可抄？哪些内容不可抄？什么时间可抄？什么时间不可抄？要解答此类问题，我们不妨先来看看下面的例子——王澍先生于2018年设计的富春山馆。

富春江畔的富阳，古称"富春"，也是"元四家"之首的黄公望最后结庐隐居之处，正是在此地，黄公望创作了流芳千古的长卷画作——《富春山居图》，描绘了富春江及其周围山川的壮美景色。2012年，富阳市（现为富阳区）政府提出建造一座地方美术馆和博物馆的项目提议，用以研究富阳悠久的文化和景观传统，也是在同年，选定普利茨克奖得主王澍先生负责设计该项目（图2-28、图2-29）。

稍有画理知识的人都知道，《富春山居图》的精彩就在于——诗意栖居所反映出的"天人合一"意蕴。面对如此抽象的主题，王澍先生给出了自己独特的解答。概括起来，王澍先生的设计理念共包括以下三个部分：

首先，从《富春山居图》尾段的山形轮廓中取材，抽象出建筑"山体"的轮廓，作为人造山的轮廓线（图2-30、图2-31）。

图2-28 《富春山居图》局部1

图2-29 《富春山居图》局部2

图2-30 《富春山居图》中的山形

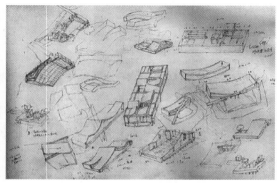

图2-31 王澍手稿中的山形

其次，按照中国传统的山水序列进行建筑布局——位于中心的"主山"是博物馆和美术馆，与之平行的次山是档案馆，两山间的凹地则成为山中的"山谷"，背后的办公楼屋顶轮廓与远山平行呼应，呈现出传统山水画中近山、远山萦回呼应的"三远"视角[①]（图2-32、图2-33）。

图2-32　富春山馆鸟瞰

图2-33　富春山馆建筑近景

最后，采用曲折的廊道，将主体建筑与周边的观山厅、观山阁、水亭等一众小体量建筑连接起来，使游人在行进中与建筑物、自然景观产生对话，自然感受中国山水的独特魅力（图2-34~图2-36）。

图2-34　行进中的富春山馆效果1

图2-35　行进中的富春山馆效果2

仔细品味这件作品的成功之处，就在于王澍先生借助混凝土、石头，巧妙还原了《富春山居图》所表达的景观层次，令作品兼具了可观、可居、可游的多重性能，最终形成"溪山之外，别具溪山，图画之中，更添图画"的独特格局（图2-37）。

图2-36　行进中的富春山馆效果3

---

① 所谓"三远"，是国画所指的高远、深远和平远。高远是仰视，深远是俯视，平远是平视，它们代表了不同的观看视角。

图2-37　富春山馆屋顶特写

2.2.4.2　"抄袭"的深入理解

结合王澍先生的设计案例，大家想一想，他的方案似乎都有据可寻，"据"的就是《富春山居图》，但是，我们能说——该作品是"抄袭"的吗？相信这个问题抛出来有同学甚至觉得可笑，大师的作品怎么能叫"抄袭"？可如果老师再继续追问，既然不是抄袭，那么什么样子的才叫抄袭呢？这就需要辨析一对概念——抄袭和借鉴。

（1）字面意义上抄袭和借鉴的区别

对于"抄袭"，《辞海》中这样解释："不顾客观情况，照搬或沿用别人思想、方法、经验的行为"；对于"借鉴"，《辞海》则解释为："把别人的经验或教训借来对照学习或吸取"。根据字面上的意思，二者的区别在于：

首先，目的不同。模仿是创造的第一步，是学习的最初形式（茅盾），而抄袭则完全是1∶1的克隆，是任何学习都要坚决抵制的"捷径"。

其次，性质不同。模仿借鉴的结果是为了创新，抄袭的结果则是不劳而获，是对他人成果的剽窃。

（2）设计领域中抄袭与借鉴的区别

站在设计的角度，严格界定二者的意义实际并不大，因为从过程来看，1∶1临摹是每个初学者都曾经过的必由之路，而放眼日后的水平，单纯的"抄袭"其实很难得到生存机会，没有思想、没有特色的作品迟早会被市场淘汰。所以，笔者更倾向于把"抄袭"视为一种"模仿"，大家权且把它看成"借鉴"的戏谑叫法。其实，曾有位叫"汗青"的朋友，在知乎上专门发文探讨过这一问题，同学们不妨一读以加深理解。

也许您会说，业内这样赤裸抄袭的情况大有人在，而且还活得好好的。但我想说，您确定他是抄袭吗？在此，我有两个观点：

第一，不为相同而相同。任何产品都是为满足自身具体业务而存在的，而不会有两个业务情况完全一致的公司或团队，因此抄袭的效果一定不会很好。道理很简单，这不是为你量身定制的解决方案，所以就算短期内不出问题，长期看也一定会有负面影响。有的公司会认为所谓"大公司"的产品一定是千锤百炼的，照搬就好。Nielsen 前些年发表过一篇博客名为《为什么不要学习著名网站的设计》，其中仔细探讨了这个问题。其实大公司很多的设计也很糟糕，也是拍脑袋，问题一点不会比所谓的小公司少。很多设计真的没有对与错，只是当时设计了并一直存在而已，我们没必要神话，更没必要不顾一切地照搬。

第二，不为不同而不同。产品设计和用户的习惯息息相关，也正因如此我们积累下来了很多的模式。采用熟悉的模式有利于用户心智模型的匹配，因此相似有的时候未必都是坏事情。很多时候，我们的设计是为了追求不同而刻意求变，这样的方案往往看上去很奇怪，因为它已经不以"合适"为目的了，它的目的是"不一样"，这样确实避免了相似，却引来了更多的问题。

回到主题，如何区别二者？我认为汉语词典说得好，就是看这个方案是否有考虑"客观情况"，也就是说，定义一个方案的抄袭与否，应该看它合不合适业务需求，而并不是看它长得像不像某个方案。借鉴是一种艺术，"创造力只不过是连接某些东西的能力"的说法实在是帮主的经典。国内某互联网巨头，经常因为"抄袭"与"借鉴"成为众矢之的，我觉得大可不必。因为如果它总靠抄袭，无论如何不会走到今天。我们更应该看见它产品中那些巧妙适应本地化的策略，以及精雕细琢的细节，这些正是它区别于抄袭的地方，也是我对所谓借鉴与抄袭的看法。

其实单纯就设计来讲，真的很难定义二者，因为设计是个很复杂的综合体。若如此，不如回到"设计是用来解决问题"的这个本质上，也许"合适"就好。

或许上述文字描述仍嫌晦涩，笔者谈一谈自己的观点。在景观设计中，不论分区还是节点，设计中的落点无外乎两种——组织逻辑和固定形式：组织逻辑是动态的、不可见的，具体表现为位置、比例、间距等秩序层面的推敲过程；固定形式是静态的、可见的，具体表现为尺度、形态、材质等物质层面的呈现载体（表2-1）。

表2-1　景观设计中的落点区别

组织逻辑	动态的、不可见的	位置、比例、间距等秩序层面的推敲过程
固定形式	静态的、可见的	尺度、形态、材质等物质层面的呈现载体

厘清了它们的区别，可以轻松得到如下结论：

第一，对于组织逻辑的抄袭，属于较为巧妙的"抄袭"；反之，对于固定形式的抄袭，属于较为拙劣的"抄袭"。

第二，对于景观设计的学习过程而言，一定会经历从固定形式抄袭向组织逻辑抄袭的过渡转换。

或许笔者的结论略有武断，但教学中发现，它的确能够给学生们提供极大帮助，比如快速辨别设计作品的优劣。下面我们结合练习，看看结论是否真的有用（图2-38、图2-39）。

图2-38　富春江船屋民宿鸟瞰　　　　　　图2-39　富春江船屋立面

图2-38是位于富春江畔的特色民宿酒店——杭州富春开元芳草地乡村酒店，其概念和形态，源自明初至清中几百年间生活在当地的水上部落——"九姓渔民"。五艘船屋横斜在树冠之间，船身三分之二漂在湖面上，轻盈灵动（图2-39）。分析其手法，设计师将渔船造型巧妙地布置在丛林之中，半遮半露地模拟了渔船即将出水捕鱼时的场景。此外，除基本的渔船造型外，客房的结构、细节（如顶棚天窗）都进行了修改。所以可以说，这种"抄袭"是允许的。

图2-40　邯郸元宝亭　　　　图2-41　昆山市巴城蟹文化馆　　　图2-42　河北大观园金鳌馆

图2-40~图2-42这三幅图，从造型到色彩，将模仿对象的特征"抄"到了极致，不仅丝毫没有设计感，反而让人有种生厌的感觉，这些作品也因此成为业界的笑柄。

2.2.4.3　"抄袭"的案例解析

"抄"的内容有三种：造型、层次和意境。

造型的"抄袭"，主要是指对具象节点形态、材质等细节的模仿。

层次的"抄袭"，主要是指对构景手法、布局节奏等组织逻辑的模仿。

意境的"抄袭"，主要是指对虚实相生的形象系统、诱发开拓的想象空间等抽象情境的模仿。

不难看出，三者的模仿难度依次递增，在初学阶段，同学们只能从最简单的造型"抄袭"开始。再换个角度，这三个层次之所以难度有所不同，就在于可参考、可借鉴的内容逐渐变少：

在造型"抄袭"阶段，形态、材质、尺度、色彩等几乎所有内容都可直接用于图面表现。

在层次"抄袭"阶段，难度陡然增加，因为学生即便看懂了模板作品中的组织手法，也必须实事求是地根据设计任务给出的地形、尺度、限制条件，对道路、分区、主题的疏密节奏做出取舍。

到了意境"抄袭"的阶段则更难，甚至难到有种"只可意会不可言传"的感觉，因为它不仅牵涉到了设计师对空间特征、周边环境特征的理解，还触及了观赏者、体验者的个人好恶，毕竟，每个人的知识结构、阅历经验、审美水平、性格特点皆有所不同，要想凭借一件作品就获得大家的共鸣，绝非一两处肉眼可见的优点便能实现，让我们再来看两个经典的景观设计作品，体会一下优秀作品的意境表达。

（1）贝聿铭"抄袭"《云山图卷》：苏州博物馆片石山墙

第一幅作品，是著名现代主义建筑大师贝聿铭设计的苏州博物馆新馆。在一次访谈中，贝聿铭先生被问到了苏州博物馆的灵感来源，他坦言，之所以用黑白做主色调，正是借鉴了宋代"米氏山水"画派的影响，尤其是米友仁的《云山图卷》给了自己极大启发[①]（图2-43~图2-46）。

图2-43　苏州博物馆新馆片石山墙　　　　图2-44　苏州博物馆新馆

---

① "米氏山水"是宋代米芾和米友仁开创的一种新的画派，不求工整只求意似，尤其注重线条的技法和墨色的晕染，所作的画因此被称作"无根树、朦胧山"，充满了抒情性和写意性。

图2-45 《云山图卷》局部留白效果　　　图2-46 《云山图卷》局部山水笔法

苏州博物馆新馆以假山为主题元素，以拙政园的白墙为纸，取人工之景，用高低错落的切片巨石落于墙上，绘成了一幅水墨山水画，着重营造不断抬高的视觉进深感。具体做法如下：

首先，贝氏将石景的平台划分成三个依次递增的台阶；

其次，在花岗岩的剖面上，雕凿出米氏绘画中简洁而重复的山体形态；

最后，用火炬在山形顶端烘灼，从而实现米氏山水特有的"米点皴"笔法。

从完成的效果看，意境中，苏州博物馆新馆虽然没有云雾萦绕，但也营造出了一种朦胧的水墨山水意境，"片石山墙"也成为苏州博物馆新馆的点睛之作。

（2）GAD"抄袭"江南民居：杭州市富阳区东梓关村保护规划

第二幅作品是杭州市富阳区东梓关村的民宿设计。杭州富阳区场口镇东梓关村，是富春江畔的一个古村落，上接桐庐、建德，下承富阳、钱塘。历史上，东梓关就因富春江和码头而渐次繁华，船家旅人、秀才文人、贩夫走卒络绎不绝。时至今日，东梓关村遗留下了近百座明清古建筑，如许家大院、安雅堂、越石庙等，还存有不少颇具价值的历史古迹，如"官船埠"遗迹和古驿道。2013年，场口镇就委托企业编制了东梓关历史文化古村落的保护利用规划，将古村落保护与村民建房、村庄发展与东梓关旅游开发有机结合。富阳区更将东梓关作为富春山居精品示范线路的重要节点来打造，规划了东梓关精品民宿、乡村书院等十多个建设项目。

淡墨写意的山水画里，有一种境界叫"墨分五彩，计白当黑"，运用黑和白就能表达出非常高级而生动的意象。因为画面留有余地——"疏而不空，满而不溢"，体现了中国美学的智慧——留白之美。知名设计公司GAD以江南民居的曲线屋顶为切入点，将传统的对坡或单坡顶重构成连续的不对称坡屋顶，并根据不同单元的形体关系，塑造出相匹配的屋面线条轮廓。独立的单元体量与连续的群体屋面形成微妙的对比，构建出和而不同的整体关系（图2-47、图2-48）。

具体的：在构图上，深灰色的压顶与白色大面实墙形成了强烈的灰与白、线与面的对比关系；在虚实关系的营造方面，外墙以实面为主，以镂空墙进行点缀。朝向院落的界面则以半虚及玻璃为主，既保证了采光需要，又能形成内向感，实现了中国传统建筑界面特质——"外实内虚"的现代转换。通过对传统住宅的形式要素加以提炼与转译，在增加适度的丰富性和层次感的同时，呈现出江南白墙黛瓦的山水意境，将徽派水墨画的"留白"意境诠释得恰到好处——既符合当下"极简主义"的审美，又传承了中国的传统文化，是对中国山水意境的最佳演绎（图2-49~图2-51）。

图2-47　东梓关村立面远观

图2-48　东梓关村远观效果

图2-49　东梓关村局部1

图2-50　东梓关村局部2

图2-51　东梓关村局部3

第三章　景观绿色设计的基本方法

3.1　加法设计

3.1.1　加法设计的定义

3.1.1.1　通常意义上的加法

提到加法，大家都不会陌生，通常所说的加法（Addition），是一个数学定义，是指将两个或者两个以上的数相结合所进行的计算。在小学的数学课上，我们就曾学习过 1+1=2、2+1=3 等加法（图 3-1~图 3-3）。

1+2=3	1+1/2=3/2	0.2+0.5=0.7
3+4=7	3/5+2/5=1	2.5+1.2=3.7
7+8=15	1/3+4/3=5/3	5.1+0.8=5.9
15+16=31	1/9+1/9=2/9	2.15+3.28=5.43
21+22=43	11/2+1/2=6	0.11+2.65=2.76

图3-1　整数的加法　　图3-2　分数的加法　　图3-3　小数的加法

3.1.1.2　一般设计中的加法

那么，设计上有加法吗？我们来看一个例子（图 3-4~图 3-6）。

图3-4　普通的墙面　　　　图3-5　有风景画的墙面　　　图3-6　缩小风景画尺寸的墙面

图 3-4 显示的是一处普普通通的墙面，上面没有任何装饰，几乎所有人从此经过时，都不会对墙面多看哪怕一眼；到了图 3-5 时，我们在墙上增加了一幅风景画，再来看这

块墙面，是不是发现你的视线已经不由自主地落在了画面上？再看图3-6，我们依然在墙面上挂画，只是这里的画尺寸较第二幅图小了很多。暂且抛开画面内容是否看清，我们只论视线的吸引，是不是因为它的存在，依然可以起到吸引视线的作用呢？由此可见，设计中的加法，其实就是基于特定的设计意图，为空间或场地增加设计元素，以增加功能、效果等实用或审美的过程。

图3-7　尺度的加法

谈到这里，我们不禁会产生一个问题，哪些设计情况下会用到加法？概括地讲，一般有以下两种可能：

第一种可能，为了形成视觉上的焦点。这时我们会通过加法，强化或突出某一要素的形象特征，比如尺度、色彩、配景（图3-7~图3-9）。

图3-8　色彩的加法

第二种可能，为了补充某些功能。这主要是因为使用情境、使用人群的改变所导致，比如原来自己使用的农家小院需要改为游客的烧烤区，再比如某条田间小路现在需要改为进入村庄的景观大道……值得注意的是，功能上的补充，通常会影响到原有尺寸的改变，不管是整体尺寸扩大，还是局部尺寸调整，都是如此（图3-10、3-11）。

图3-9　配景的加法

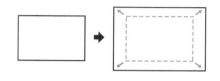

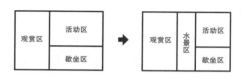

图3-7~图3-9彩图链接

图3-10　功能补充导致整体尺寸扩大　　图3-11　功能补充导致局部尺寸调整

3.1.1.3　景观绿色设计中的加法

景观绿色设计中的加法，从本质来看，和一般设计中的加法没有根本不同。只是除了前面所说的功能增加和艺术效果增强外，更加强调了生态效益。比如：在光秃秃的界面

图3-12　原有建筑界面

图3-13　增加攀缘植物绿量

图3-14　增加种植形式

图3-15　增加植物品种

图3-16　增加观赏效果

上，增加攀缘植物以扩大绿化覆盖面积，从而起到提升绿化率的效果（图3-12、图3-13）。

但作为一名景观设计师，我们不能像园丁或园林施工人员那样只考虑数量、面积的增加，我们更该思考的，还包括种植形式、植物品种、观赏效果等层面（图3-14~图3-16）。

3.1.2　加法设计的深入理解

3.1.2.1　分区设计中的加法

分区，又称"功能分区"，是将场地按照人群使用需求、空间功能定位、典型风貌属性等因素进行划分，并根据便捷性、主题性等设计师的创作意图进行组合排序，从而达到圆满完成设计意图的过程。

从分区的基本设立原则来看，一般讲究动（公共）静（私密）区分、洁污区分；从分区的定位来看，一般会有活动区、休闲区等不同类别。考虑到这部分内容在后续有专门的章节阐述，所以这里只具体说说加法的应用。

分区设计中的加法，尤其是乡土情境下的分区设计加法，多是由于使用受众的性质或数量改变所致。如图3-17展示的那样，原来的院落只是归农户一家自用，这时院落内部的功能分配更多只用考虑该主人或主人家庭成员的使用习惯（甚至更常见的情况是根本没有明确的"功能分区"），院落的使用受众总是少数。而一旦需要将这个私人的小院开辟为营利性、体验性的"消费场所"时（图3-18），小院的使用受众必然会扩大到更多的外来人群，再考虑到这些人群各式各样的性情、爱好，有些人喜欢独处、有些人喜欢交往、有些人喜欢喝茶、有些人喜欢打牌……为使这么多的需求尽可能得到满足，势必要对院落做出更合理、更精细的分区设计。所以，使用受众改变—空间分区细化—分区尺度调整，顺理成章地构成了一条逻辑线，单单从功能来看，难道不正是一种"加法"的体现吗？

图3-17　开发前：供个体家庭使用，分区简单　图3-18　开发后：供消费受众使用，分区复杂

3.1.2.2 路径设计中的加法

路径设计中的加法，是随着分区的细化所自然要求的调整环节。我们知道，路径的数量通常受两方面的因素影响：其一是空间尺度，其二是分区数量。当一个空间尺度较小，其所包含的功能分区也很少时，路径便相对简单，只需顾及出、入口的联系即可，比如图3-19展示的私家宅院。

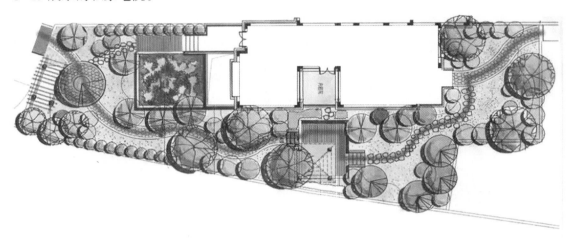

图3-19 空间尺度较小时的路径

当这个空间的尺度增加一倍，又同时希望容纳较多的空间功能时，此时的路径就要考虑功能区与功能区之间联系的合理性（图3-20）。

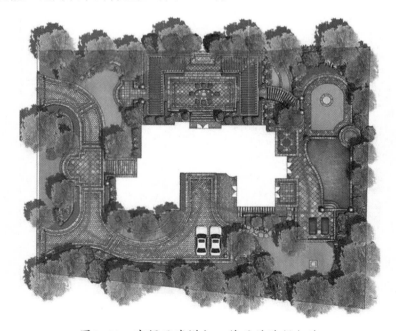

图3-20 空间尺度增加一倍后的路径加法

当这个空间继续扩大，不仅要考虑分区与分区之间的联系，还要考虑分区内部主要节点和分区出入口之间的衔接关系、分区间的先后摆放顺序，更要考虑照明、休息等配套设施的合理添加（图3-21）。

图3-21　空间尺度继续扩大后的路径加法

由此可见，路径设计中的加法，主要体现在以下两个层面：

第一，交通系统的补全

随着时代的发展、科技的革新，人们的出行早已由小尺度、慢速度的畜力、人力方式，转变为大尺度、快速、灵活的电能、机械能方式。所以，乡土开发中的路径设计，要根据总体设计定位，对原有简单的道路进行补全，适时形成更便利的路径系统。

第二，配套设施的补全

同样，随着人们生活水平的提高和使用诉求的变化，道路的功能早已不再是出行那么简单，经常要顾及如照明、排水、歇坐、观景、交互、趣味等使用诉求，这些条件的满足，同样属于"加法"的范畴。

3.1.2.3　节点设计中的加法

节点，又称"景观节点"，一般是指分区内部景观效果最突出、功能承载最直接的景观构筑所在，倘若一个分区内失去了节点，这个分区就会像失去了灵魂一样毫无主题可言，来此的游客也会很快失去游玩的兴趣而迅速离开。从景观的角度理解节点，我们更希冀于它能够起到可玩、可赏、可听、可触的互动作用（图3-22~图3-24）。

乡土情境下的景观节点营造，主要应通过节点造型、节点性质、节点材质等手段，令受众与乡土环境、乡土文化达成和谐共鸣（图3-25~图3-27）。

图3-22　视觉节点　　　　　　图3-23　听觉节点　　　　　　图3-24　互动节点

图3-25　乡土造型的节点　　　图3-26　乡土性质的节点　　　图3-27　乡土材质的节点

归纳一下上述图片中反映出的节点设计手法，不难发现我们要谈的节点设计中的加法，主要体现在对原有效果的丰富和主题意象的提升两方面。

原有效果的丰富：虽然为了丰富原有的节点效果，会综合采用去除多余要素等减法或其他的设计手法，但以体量扩大、层次添加为代表的加法体现得尤为突出。比如，图3-28中场地已有的元素景观效果并不突出，设计师在旁边添加了观赏区、户外家具等必要设施，又增加了配景植物，形成了视觉冲击力很强的景观效果（图3-29）。

图3-28　没有强化过的空间节点　　　　　图3-29　强化过后的空间节点

主题意象的提升：主题意象是现代景观设计中颇为重视的环节，由于人们经济水平的提高，人们的眼界和审美水平也随之提高，早就不满足于材料或其他要素的生硬堆砌，更强调空间的内涵塑造。比如，图3-30展示的丁知竹竹编文化体验基地，设计师之所以采用"∞"符号，正因为它代表了当地盛产的资源——竹子。大家试想，两个竹筒的并列截面，不正是一个"∞"符号吗（图3-31、图3-32）？

图3-30　丁知竹竹编文化体验基地

图3-31　竹筒截面

图3-32　并列竹筒形成符号

3.1.2.4　植物设计中的加法

植物配置，是最能代表景观学科的设计语言，它就相当于水泥、沙石等建筑材料，与室内设计中的装饰材料一样常见。但与一般景观设计的区别在于，它更注重植物生境与乡土环境的契合。比如，在一座北方的村落祠堂周边，若配上两株南方生长的椰子树，势必显得不伦不类。所以，我们可以归纳出植物设计的加法梯级：

一般景观设计中的植物配置：通过添加植物来增加绿量、丰富层次。

景观绿色设计中的植物配置：通过增加绿量、丰富层次来烘托乡土气氛。

植物配置也强调对乡土植物品种的选择，以及对乡土植物种植效果的提高（图3-33~图3-35）。

图3-33　乡土情境下的植物应用1

图3-34　乡土情境下的植物应用2

图3-35　乡土情境下的植物应用3

3.1.3　加法设计的应用逻辑

3.1.3.1　加法之于空间功能

空间功能上的加法，一般是指对空间功能的补全或再构思，具体到乡土情境之中，"加"的方式有以下三种：

第一种，对闲置的、未充分利用的空间进行高效利用。

第二种，在原有的使用功能基础上，尽力挖掘其审美功能并尝试应用于景观造景。

第三种，如果可能，继续对各种景观要素的审美功能进行拔升，争取将空间打造为兼具实用性和较高辨识性的形象 IP 符号。

3.1.3.2　加法之于空间尺度

空间尺度上的加法，一般接续于空间功能的定位，对各类空间要素尺度进行跟进调节。具体到乡土情境之中，"加"的方式有以下两种：

第一种，尺度扩大。简言之，是指将私人性的小尺度转变为公共性的大尺度（注：这里所指的"小"和"大"，都是相对之前的条件而言，并不是说一定要盲目扩大尺度）。

第二种，尺度细化。是指全面考虑使用人群诉求、人机工程特点、基地现状条件、设计立意构思等多维影响因素，合理、科学地利用空间。

3.1.3.3　加法之于空间效果

空间效果上的加法，是指对空间处理手法的精细化。具体到乡土情境之中，"加"的方式有以下两种：

第一种，结合时代、受众审美特点所做的造景手法丰富。

第二种，结合乡土环境、乡土使用习惯所做的造景手法处理。

3.2　减法设计

3.2.1　减法设计的定义

3.2.1.1　通常意义上的减法

这节课我们继续来学习景观绿色设计的第二种方法逻辑——减法设计（Subtraction）。提到减法，大家想必不会陌生，它作为加法的反向运算，是指从集合中移除对象的操作，表示用不同的对象（包括负数、分数、无理数、向量、小数、函数和矩阵）去除或减少物理和抽象的量（图 3-36~ 图 3-38）。

3.2.1.2　一般设计中的减法

景观设计中的减法，我们可以同样按照与加法相反的思路进行理解，也就是说，凡是涉及去除、拆解、打散等形式的设计策略，都可以视为减法的范畴，如图 3-39、图 3-40所示。

5−1=4	1/5−1/6=1/30	3.6−2.1=1.5
7−5=2	2/7−3/14=1/14	7.2−2.7=4.5
10−5=5	1/2−3/5=−1/10	5.5−2.2=3.3
1−5=−4	1/6−1/5=−1/30	2.1−3.6=−1.5
5−7=−2	3/14−2/7=−1/14	2.7−7.2=−4.5

图3−36　自然数的减法　　图3−37　分数的减法　　图3−38　小数的减法

图3−39　对室外陈设进行减法处理　　图3−40　对建筑进行减法处理

在图 3−39 中，一条园路蜿蜒向前展开，或许是设计师不希望改变路径的方向，又或许是设计师有意造成某种"夹景"的效果，在园路的两边各有一扇格栅，两处格栅共同构成了一个静谧感十足的庭院景观节点。这样的设计方式便可视为一种减法。

图3−41　金福寺的枯山水景观

图 3−40 中展示的是位于浙江桐庐的"未迟"民宿，我们看到紧邻水池的那栋建筑山墙，有超过一半的墙体都被打断，直接暴露出里面的结构支撑，这样的处理也属于减法。

从这两处案例中，或许有同学已经隐隐约约地感知到减法会造成两种设计效果：第一，为凸显某种设计师希望我们看到的特殊结构；第二，为了形成某种趣味性的符号形象。的确，这正是减法设计的两个使用条件。那么，我们再来看看图 3−41、图 3−42。

图3−42　西芳寺的苔园景观

图 3-41 是位于日本京都的金福寺，洁白的细砂和周边郁郁葱葱的绿叶、明快艳丽的杜鹃形成一种强烈反差，僧人们"减"去了尽可能多的树种，营造出一种涤静心肺的深远意境。

图 3-42 是位于京都的西芳寺。它由著名的禅宗僧人梦窗疏石设计，园内共生长有100 多种苔藓植物，它们舍掉了庭园中最常见到的乔木、灌木，甚至草丛，虽然将构景要素"减"至一种——苔藓，却将禅宗提倡的"简""静"体现得淋漓尽致。

3.2.1.3　景观绿色设计中的减法

我们权且不必苛求日式园林中的极简，单从景观绿色设计的角度来看待减法，以下三种要素通常被纳入"减"的范畴：

第一种，删除那些已经或可能对生态环境质量产生影响的构景要素（图 3-43~ 图 3-45 ）。

图3-43　肮脏的猪圈　　　图3-44　排放污水的管道　　　图3-45　废弃的沼气池

第二种，删除那些可能影响造景效果的要素（图 3-46、图 3-47 ）。

图3-46　改造前：要素影响造景效果　　　图3-47　改造后：删除掉不良的影响要素

第三种，删除已不再能够满足正常使用，或不适宜在新场景中使用的构景要素，发挥其审美价值，彰显地域特色的构件、功能（图 3-48~ 图 3-50 ）。

图3-48　破旧的院门

图3-49　破旧的围墙

图3-50　破旧的建筑

3.2.2　减法设计的深入理解

当我们大致了解了减法在景观设计中的使用原则之后，有必要也像加法一样从案例分析的角度深入地探讨一下减法的应用逻辑。

首先便是因功能考量所做的减法。来看下面的案例展示，这是位于浙江莫干山镇庾村的大乐之野民宿（图3-51、图3-52），从图中可以看到，设计师采用了大量的减法来表达自己的设计理解。在图3-51、图3-52中，分别有三个地方体现出了减法的特点：

（1）干净的色彩搭配。第一眼看去，只有白、黑两种色彩，显得十分纯净。同时，纯净的白色也让我们感觉到两栋建筑仿佛有机地生长在了一起。

图3-51　通过色彩做减法1

图3-52　通过色彩做减法2

（2）空间的退让关系。不管原先两栋建筑的位置是否改动，但设计师都有意保留了这种错落的层次，篱笆围合的"虚""低"与二层建筑的"实""高"构成了双重对比。

（3）使用功能的巧妙实现。左侧一层建筑的窗户是为了采光，但又照顾到内部人群的私密需求，所以只

图3-53　通过空间的退让做减法

"减"掉了一部分墙体。右侧二层明显为一个公共空间，这里不需要过多考虑受众的私密性，所以整个二层山墙都被"减"掉（图3-53）。

（4）功能的充分利用。在图3-54中，设计师通过"减法"营造了一个温馨的灰色过渡空间，借助挖空、退让、素色的手法，令原本敦厚墙面的笨重感一扫而空，左侧实用的入户门和右侧温馨的橱窗展示相得益彰。再看图3-55的设计更为大胆，设计师完全出于对景的考虑，直接摒弃了房屋原有的实用功能，"减"去外墙，将白色直铺向台阶，深色的砂砾地面、黄色的单坡格栅顶、黑色的柳编农具，令该空间成为一处视觉冲击力极强的精妙的对景节点。

图3-54　为了功能的利用做减法1　　　　图3-55　为了功能的利用做减法2

看到这里，我们在佩服设计师匠心独运的构思的同时，也不禁会想——既然可以把繁杂的设计手法概括为加、减、乘、除，那么有没有一种可能，继续将减法的应用逻辑也进行概括以方便使用？

答案是肯定的！但一方面考虑到篇幅的限制，一方面考虑到不能对初学者的思维能动性做过多限制，接下来只通过一个例子，向大家展示减法设计的便捷应用原理，这个例子就是——当场景中存在某些既有要素（比如建筑）时，应该如何配合这些要素进行设计。

3.2.3　减法设计的应用逻辑

我们知道，任何形式的景观设计，都建立在由已知条件推导未知可能的基础上。那么，当需要配合既有要素进行景观设计时，首先要厘清要素的确定属性和非确定属性。怎么理解这句话？同学们不妨这样思考：假设空间中存在一个建筑，任务要求是将其打造为一个民宿，那对景观设计而言，无论是功能分区还是造景层次，无论是路径形态还是要素尺度，都以一个指标为先决条件，这个指标就是——位置。

单从景观和建筑的位置关系作为设计推敲的逻辑起点，无外乎三种情况，即远离、紧邻和嵌入。明白了这个道理，接下来的分析就比较顺畅了。我们知道，景观设计的关键无非是解决实用需求或审美需求，那么当实用与审美被分别置于这三种位置关系中时，应该删减哪部分属性，又相应得到了哪部分属性便一目了然（图3-56~图3-58，表3-1）。

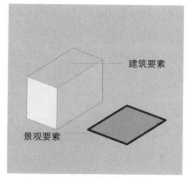

图3-56 远离

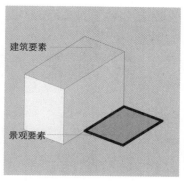

图3-57 紧邻

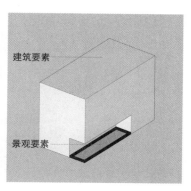

图3-58 嵌入

表3-1 审美与实用功能

位置	原因	保留要素	删减要素
远离	需独立成景	审美功能	实用功能
紧邻	需作为陪衬	无	审美、实用功能
嵌入	需形成空间个性	审美功能	实用功能

第一种位置关系（远离）：虽然是否决定独立成景还要兼顾建筑部位和景观要素的重要程度，但不管怎样，对景观要素而言，需要保留的属性恐怕更多体现在审美的层面。因为此时尚能保持一定的观景距离，所以通常都会考虑将观赏面内的景观要素独立成景。此时，形态、尺度、色彩/肌理、类型/种类等审美功能均需要优先保留甚至进行夸大，而实用功能就相应成为减法处理的对象（图3-59）。

第二种位置关系（紧邻）：这时景观要素和建筑的距离较近，不管从生物习性、观景效果

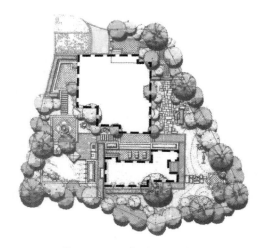

图3-59 远离的位置关系

哪方面审视，景观要素都更适合于作为建筑的陪衬。需要注意的是，这种陪衬并不是说一定要压缩景观本身的质量，但切记它的使命更多在于——借助色彩、造型、种植方式等手段，衬托建筑的造型美、材质美。所以，此时景观要素本身的形态、尺度、色彩、种类均

应该进行控制，同时由于面积受到限制，它的实用功能也应会受到减法的影响（图 3-60）。

　　第三种位置关系（嵌入）：事实上，嵌入所构成的空间效果正是当下室内设计的主流趋势，即室内场景"景观化"，它能够极大提升室内空间的品位和档次，甚至成为最出彩的形象符号。可见，在这种相对关系之下，景观要素需要凸显的一定是审美功能，而相应地，其实用功能退居其次（图 3-61）。

图3-60　紧邻的位置关系

图3-61　嵌入的位置关系

3.3　乘法设计

3.3.1　乘法设计的定义

3.3.1.1　通常意义上的乘法

　　这节课我们将要学习的是景观绿色设计中的第三种方法逻辑：乘法（Multiplication）。按照此前的讲课习惯，我们依旧先来看一下数学领域中的乘法是如何定义的。从数学的角度讲，乘法是指将相同的数加起来的快捷方式，而从哲学的角度讲，乘法又可被视为由加法量变所导致的质变结果（图 3-62~ 图 3-64）。

1×1=1	12\4×1\3=1	1.5×4=6
3×5=15	56\2×1\7=4	60×0.1=6
4×3=12	1\4×7=7/4	2.6×3=7.8
2×7=14	2\9×6\18=2/27	3.8×2=7.6
6×3=18	17\6×3\2=17/4	2.7×5=13.5

图3-62　自然数的乘法　　图3-63　分数的乘法　　图3-64　小数的乘法

3.3.1.2　一般设计中的乘法

仔细体会乘法的定义，继而将之转换于设计领域，景观设计中的乘法，通常可理解为：以综合性的设计手段对多个（组）景观要素进行处理，最终使其呈现出群体性、整体性的艺术效果，或者复合性、嵌套性的特殊功能。

从定义来看，有几处细节不容忽视：

首先，多个或多组景观要素的数量，应不小于 3 种；

其次，设计手段和景观要素的联动结果，绝不是简单的数量增加、体量扩大等"1+1"式的结果；

再次，运用乘法所得到的设计效果，必须是整体性的，换言之，单独任何一项孤立的景观要素或结构装置，绝不可能达到整体才具有的艺术效果或特殊功能。

为了便于理解，请大家做一个练习，从图 3-65~ 图 3-70 中挑出运用乘法设计的案例。

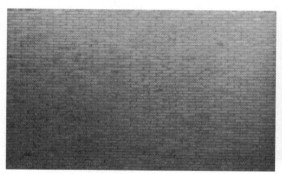

图3-65　第一组：空白的墙面

图3-66　第一组：通过材质拼贴
增加装饰肌理效果

图3-67　第二组：纯做造景
使用的水池

图3-68　第二组：加入雨水收
集装置的水池

图3-69　第三组：一般的植物群组　　图3-70　第三组：精心设计过的花境植物群落

OK！正确的答案应该是第二组和第三组。理由正如上面所说。第二组图片，因为加入了雨水收集装置，构成了独立的水循环系统，单独任何一个结构被拆解后，都无法得到这样的效果。所以，可以判断它属于乘法。而第三组图片，如果仅是增加了乔、灌、花的种类，最多可说它运用了加法的设计，但由于生物廊道等要素的加入，该场景已经构成了一个完整的生态群落，所以也认为它运用了乘法。

3.3.1.3　景观绿色设计中的乘法

其实，从上面的小练习中已经能够得知，所谓"景观绿色设计中的乘法"，特殊之处在于对"生态效益"的强调！而这里的生态效益，除了大家熟知的生态外①，还可以简单理解为前面讲述的循环、体验、重组效果的达成（图3-71、图3-72）。

图3-71　改善生态效益前　　　　　　图3-72　改善生态效益后

---

① 生态是指一切生物的生存状态，以及它们之间和它们与环境之间环环相扣的关系。生态（Ecology）一词源于古希腊语的"oikos"，原意指"住所"或"栖息地"。1865年，勒特（Reiter）将两个希腊字根"logos"（研究）和"oikos"（房屋、住所）合并，构成了"生态学（oikologie）"一词。

3.3.2　乘法设计的深入理解

3.3.2.1　乘法与加法的理论区别

为了加深大家对乘法的理解，我们不妨将乘法与加法进行一个对比。从操作方式上看，乘法和加法存在很多相似之处，比如它们都是以类似"添、增、扩"的方式达成设计效果。但从定义中仔细体味，二者依然存在着显著的区别，这种区别即在于"达成结果"。

（1）景观绿色设计中的乘法与一般设计中的加法区别：对循环、体验、重组效果的达成（图3-73~图3-75）。

（2）景观绿色设计中的乘法与一般设计中的加法区别：循环利用（图3-76、图3-77）。

图3-73　循环利用　　图3-74　受众改变引起体验差别　　图3-75　功能、审美逻辑的重组

图3-76　配合坑塘形成景观汇水　　　　图3-77　存储水源再次应用至造景

图3-78　服务村民：一般通行之用　　　图3-79　服务游客：改为景观大道

（3）景观绿色设计中的乘法与一般设计中的加法区别：受众改变引起体验差别（图3-78、图3-79）。

（4）景观绿色设计中的乘法与一般设计中的加法区别：功能、审美逻辑重组（图3-80、图3-81）。

图3-80　纯为生产服务的院落布局　　　　图3-81　对功能、尺度进行重组后的院落布局

可见，加法设计的达成结果并没有改变其子项要素的属性，达成过程也以渐进式的量变为主；乘法设计的达成结果，则彻底改变或提升了子项要素之前不具备的功能属性，达成过程属于"质变"。再就"质变"与否的判断来说，最直观的判断标准就在于最终设计效果的"可拆解"与否。

3.3.2.2　乘法与加法的案例示意

下面的一组案例，能够形象地说明加法是如何完成到乘法的过渡，这是一处私家庭院的设计。从第一幅图（图3-82）来看：庭院内几乎没有任何构景要素，只有一棵孤零零的枫树，业主希望将这里打造成一个水景庭院。经过沟通，需要作为主体构景物的水池元素被率先确定下来，但考虑到还希望加入餐饮、会客等功能，所以设计师将水池放在了庭院的东北角。

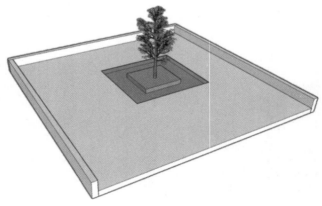

图3-82　私家庭院设计第一阶段：基本场地状态

第二幅图（图3-83）显示的是设计过程第二阶段：此时，在水池建设的大致效果中，原来水池中间的枫树已经被移植到了水池外部，被作为配景要素。此外，像汀步、就餐区等主要的区域尺度、内部家具定位都已经安排就位。

从第三幅图（图3-84）中看到，庭院景观的大体效果已经基本成形，水景区、餐饮区、汀步、树篱、围栏、铺装等景观要素均已最终确定并再次进行了丰富。

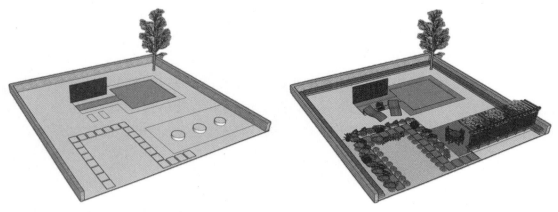

图3-83　私家庭院设计第二阶段：
基本要素已经确定

图3-84　私家庭院设计第三阶段：
基本成形的庭院景观

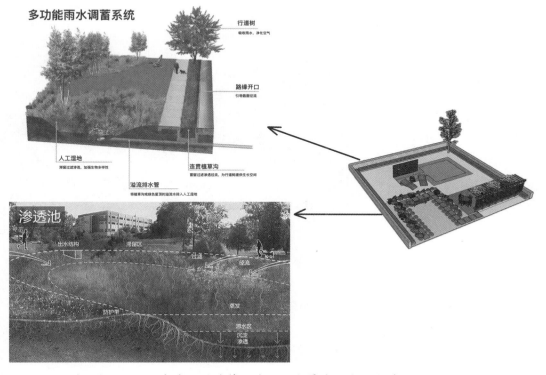

图3-85　私家庭院设计第四阶段：水景庭院向雨水花园的转化

　　总结一下，截至目前的前三张图（图3-82~图3-84）都还只能算是加法，因为各个要素虽然不断增加了景观效果，可并没有达成乘法定义中所说的——整体性，所以不能归于乘法。再来看下图（图3-85），从图中来看，设计师分别在水池中、围合绿篱周边等处，都设置了雨水收集、径流导引设施，并将地面铺装也换成了透水砖。由于整套水循环设施的加入，所有原本可以随处删减、拆分的景观要素变得不再独立，每一类要素离开整体后都无法单独运行。至此可以说，设计完成了从加法到乘法的转变。

3.3.3　乘法设计的应用逻辑

　　好了，刚才的案例已经形象地为大家展示了加法与乘法的区别，但或许有同学会说——这种"技术向"的展示对于艺术生而言过于抽象，有没有更加形象的展示呢？对于这个问题，老师以花境为例，从建设原则的角度进行阐述。虽然严谨地说，花境并不能归为真正意义上的生态群落，因为它涉及的生物多样性稍显单一，但由于花境设计非常强调整体性的搭配，所以很适合用来概括乘法设计的应用逻辑。

　　花境是景观设计中常见的专题类型，从构图形式来看，花境介于规则式与自然式构图之间；从依托基底来看，花境常依附于建筑边界、马路边缘等一些极为狭小的地形之中；从构景要素来看，以1~2年生的宿根、球根性花卉为最基本的构景元素；从审美效果来看，花境以表现植物之间自然组合的群落美为要义（图3-86~图3-88）。

图3-86　增加种植形式达　　　　图3-87　增加植物品种达　　　　图3-88　增加观赏效果达
　　　　成群落美　　　　　　　　　　　成群落美　　　　　　　　　　　成群落美

　　根据以上特点可知，花境在设计时实际遵循的便是乘法的设计逻辑，为了取得植物组合的群体美感，通常会从以下三个方面进行考量：

　　（1）植物搭配的种类多样性

　　图3-89~图3-91所展示的花境设计案例，都尽力做到了花卉、花色、质地、形式的多样搭配。

（2）造景手法的层次丰富性

造景手法不仅体现在主—次搭配、自然—人工搭配、色彩—季相搭配、造型—意义搭配等方面，而且体现在观干、观果、观叶、观花等观赏角度的多样选择。比如图3-92~图3-94所示的花境案例，不论从近—中—远、低—中—高哪个角度，都能获得极佳的观赏效果。

（3）生长习性的极大尊重

花境设计时，一方面要因花制宜，极力尊重花卉本身的自然生长规律，尽可能地表现出自然的野趣，另一方面还要因地制宜，以易维护、低影响的方式对既有环境做出持续而有机的提升（图3-95~ 图3-97）。

图3-89　入口花境的种类多样性1

图3-90　入口花境的种类多样性2

图3-91　入口花境的种类多样性3

图3-92　入口花境的近景效果

图3-93　入口花境的中景效果

图3-94　入口花境的远景效果

图3-95　花境案例欣赏1

图3-96　花境案例欣赏2

图3-97　花境案例欣赏3

3.3.4 乘法设计的知识点总结

好了，讲到这里，我们来对本节的知识点进行总结：通过本节知识的学习，我们掌握了乘法设计的基本逻辑，厘清了加法设计与乘法设计的区别。相较而言，乘法设计因为其更高的专业性、更好的整合性，往往颇能代表景观绿色设计的前沿趋势，如果我们真正深入地理解了乘法设计的应用逻辑，并能够全面考虑景观设计的"绿色"实现，无疑将对今后的学习更有帮助。OK，本节课的内容到这里就结束了，你学会了吗？

3.4 除法设计

3.4.1 除法设计的定义

3.4.1.1 通常意义上的除法

今天，我们来学习最后一种景观绿色设计的方法逻辑——除法设计。除法（Division），是在已知两个因数的乘积与其中一个非零因数条件下，求得另一个因数的运算过程（图3-98~图3-100）。

5÷5=1	1/2÷1/3=3/2	0.1÷0.2=1/2
8÷2=4	1/3÷1/4=4/3	0.5÷0.2=5/2
10÷2=5	2/5÷3/5=2/3	0.6÷0.5=6/5
18÷3=6	1/7÷5/7=1/5	0.8÷0.7=8/7
21÷3=7	1/9÷4/9=1/4	0.9÷0.8=9/8

图3-98 自然数的除法　　图3-99 分数的除法　　图3-100 小数的除法

3.4.1.2 一般设计中的除法

其实从除法的英文名称"Division"便可得知，除法有划分、分区、分块之意。顺着这种解释，我们可以从以下两个方面看待设计中的除法：

第一种理解，凡对空间做出功能划分、景观要素再分配等利用方式的，均可被视为除法。但和减法的差异在于，减法是对某些要素直接进行了删除，这些被去除的要素通常不会再出现于设计场景中。而除法则不然，如果说减法对待去除要素的方式是"丢弃"或"删减"，那么除法倒不如说是"置换"或"分解"（图3-101~图3-103）。

第二种理解，即将视角缩小至某个具体的要素或结构之上，凡采用了阵列、重复、韵律、等比、渐变等造型法则的，皆可被视为除法（图 3-104~ 图 3-106）。

图3-101　除法的置换：
废弃瓦罐

图3-102　除法的置换：
废弃木地板

图3-103　除法的置换：
废弃木柱

图3-104　除法的法则：阵列

图3-105　除法的法则：韵律

图3-106　除法的法则：重复

3.4.1.3　景观绿色设计中的除法

景观绿色设计中的除法，从本质来看，和空间功能细分的一般除法并无二致，只是更强调两个原则：

第一，通过对无用要素的结构、形态、位置的拆解或调整，重新发挥其隐性的价值，继而体现循环利用、充分利用的绿色理念（图 3-107、图 3-108）。

图3-107　桐庐小熊堡民宿中围墙的除法：韵律

图3-108　杭州余姚菩提谷民宿中墙面的除法：
置换

图3-107、图3-108 展示的是浙江桐庐小熊堡民宿作品和杭州余姚菩提谷民宿作品：第一张图（图3-107）里，设计师利用乡里最普通的石头废料，拼贴组合成为构成感极强的新的外墙界面。在第二张图（图3-108）里，设计师大量应用了老建筑拆改剩下的夯土墙，使民宿室内空间呈现出浓浓的乡土复古风。

第二，通过挖掘最能体现原有空间属性、特点的要素，巧妙地将其再次重现于改造后的场景之中，令历史与现代取得有机关联（图3-109~图3-111）。

图3-109　富阳博物馆的材料置换　　　　图3-110　富阳档案馆的材料置换　　　　图3-111　公望美术馆的材料置换

图3-109~图3-111 展示的是普利茨克奖得主王澍先生在浙江富阳耗时3年设计的宜居乡村，王澍先生曾感慨地说："老房子就是活着的历史，历史都没了，还有什么根基？"于是，他根据每个房子原有的不同风格进行深度改造，比如用新夯土技术改造老夯土建筑，让村内老石匠用新抹泥技术搭配杭灰石，垒砌旧的砖石结构，最终令新旧建筑完美地构成历史对话。

3.4.2　除法设计的深入理解

通过刚才的几个案例，大家似乎已经触摸到了景观绿色设计中除法的应用原理，这些经典作品透露出的最大特点，就在于新旧造型、新旧材质、新旧氛围间的呼应关系。如果想更加深刻地理解这种呼应，老师推荐以最基本的"界面"概念作为切入。

我们知道，一个封闭的室内空间，其界面包括了覆盖界面（顶）、承载界面（地）和围合界面（墙）三种实体，但在室外空间中，这些界面更多地体现为虚无的天空、边界感不强的植物等，这就时常令大家感到困惑，因为对这些非实体的界面，初学者很难做到"确实"地把控其造型（图3-112、图3-113）。

那么，界面和除法有什么样的关系呢？刚才已经说到，设计中的除法常常会以置换、分解的形式呈现在空间之中，这些形式的载体就是各个界面。不妨先将空间的界面关系进行梳理，这些关系包括了相对、相接、相交三种（图3-114~图3-116）。

图3-112　室内空间中的界面

图3-113　景观空间中的界面

图3-114　相对界面

图3-115　相接界面

图3-116　相交界面

相对：是指两个界面彼此分离，但只在朝向上保持着某种对应关系，如上—下、前—后、左—右。当具体到界面上的某类要素时，就表现为对称、均衡等造景处理形式（图3-117、图 3-118）。

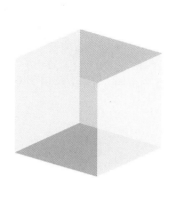

图3-117　相对界面的空间模型

图3-118　利用相对界面营造景观

相接：是指两个界面彼此衔接，如上—左、下—右等。当具体到界面上的某类要素时，就表现为对比、组合等造景处理形式（图 3-119、图 3-120 ）。

图3-119　相接界面的空间模型　　　　　图3-120　利用相接界面营造景观

相交：是指两个界面以实体或视线层次的方式，形成互相遮障、融合的对应关系。当具体到界面上的某类要素时，就表现为障景、透景、借景等造景处理形式（图 3-121、图 3-122 ）。

图3-121　相交界面的空间模型　　　　　图3-122　利用相交界面营造景观

搞清了这三种关系，实际上就相当于把除法理解为——彼此界面或界面要素间关系的处理。

3.4.3　除法设计的应用逻辑

讲到这里，我们可以对除法的应用逻辑做出总结：

首先，除法的实现途径，在于巧妙地分解和置换；

其次，除法的实现结果，在于达成界面间形式、内涵的有机呼应。

第四章　景观绿色设计的细节实操

4.1　景观绿色设计中的人群特征分析

4.1.1　人群特征分析的必要性

归根结底，景观设计属于一种对环境的有益改造，其直接关键词是"环境"，其主要受益者是"人"，而搭接二者的桥梁则是"行为"与"心理"。在业界，环境行为学注重于分析人群行为与周边环境之间的关系，环境心理学注重于从人的心理层面出发看待问题，它们共同构成了人群分析的主要内容。对初学者而言，可以从两方面来理解人群分析：一方面，人群的心理需求常常会作用于行为，比如有些人需要安全感和领域感，所以喜欢一些私密性较强的空间；有些人愿意表现自我，所以就喜欢在开阔的空间中活动；有些人喜欢简单高效，希望直接到达目的地，所以就找到捷径……另一方面，心理对于行为的驱使机制具有多样性和可变性，不同年龄、职业、性格的人群常表现出不同的行为习惯，有时即便是同一个人，其在不同的时间段、不同的状态下也会产生不同的行为结果。因此在景观设计中，应尽量引导使用人群受到环境的正面影响，促使他们做出积极的行为结果。

按需求属性对使用人群做出揣测是最常见的分析方式，只不过，多数设计初学者都会循这样两种惯性去思考：

第一种，将受众需求等同于所有的生理、心理需求，并认为场地应事无巨细地一一满足。此观点的片面之处在于，过分强调受众的主体地位，忽略了场地功能分配时的其他客观影响因素。众所周知，受众的需求庞杂而细碎，有些需求只能代表个人而无法代表群体，甚至即便可以代表群体，也可能与场地性质、设计主题出现抵触。另外，并不是所有的设计任务都会给设计师留下充足的考虑、调研时间，过多的头绪容易引起设计师的选择焦虑，无法快速形成推敲方案所需要的"唯一性依据"。

第二种，将受众需求等同于过度求新、求异的反差性心理预期。诚然，视觉或功能上的差异性是达成设计吸引的关键，但所谓的"差异吸引力"应从何处去寻找？初学者更倾向于以自己的好恶为判断标准，倘若某些设计任务恰好与自己的好恶相符，或许会令设计变得得心应手，可更多的现实却是与此相悖的，尤其在一些乡土情境中时，它们和你具有的城市经验差异几乎是全方位的，一般的村落尚且如此，更别说那些景观风貌、人文习俗特色鲜明的村落了。因此，单纯希冀靠"求新""求异"博得眼球，无疑太泛、太空（图 4-1、图 4-2）。

图4-1　城市环境中常见的儿童活动需求　　　图4-2　乡村环境中的小吃街

4.1.2　人群特征分析的基本思路

那么，究竟怎样的人群分析比较合适呢？以乡土情境为例，笔者认为有以下两条途径：

第一，从受众在乡土中的停留时间找到差异。

按照常识，绝大多数的乡村旅游受众和消费群体都来自城市，其乡村旅游目的是获得短暂的放松，像专业研究、文学 / 艺术创作、寻根访亲、体验生活等，为了特殊目的而长时间深入乡土的人群毕竟只是少数。所以，这两类人群的停留时长，就决定了"吃、住、行、游、购、娱"这旅游开发六要素的差异（表 4-1）。

表 4-1　停留时间不同导致的人群需求特征差异

旅游开发六要素	时间周期	人群需求特征
吃	短时间	一般的用餐
	长时间	包括与乡土食材种植、乡土加工方式、乡土饮食文化等环节相关的体验内容
住	短时间	按短住宿时长（1~3天）所做的一般住宿环境打造
	长时间	包括能够与乡土氛围相结合的生活模式、生产模式、娱乐模式
行	短时间	按短出行时长（1~3小时）所做的景点位置安排
	长时间	按长出行时长（3~5小时）所做的景点位置安排

旅游开发六要素	时间周期	人群需求特征
游	短时间	按短出行时长（1~3天）所做的游览线路组织
	长时间	按长出行时长（3~5天）所做的游览线路组织
购	短时间	在集中售卖点（如超市、纪念品店等）出现的，处于生产链条末端的成形商品
	长时间	包括可在全生产场景中出现的，覆盖全链条环节中的原料、半成品、准商品
娱	短时间	按短活动时长（1~3小时）所设置的活动项目
	长时间	按长活动时间（3~5小时）所设置的活动项目

（1）吃：短时间的"吃"，是指一般的用餐；长时间的"吃"，还包括与乡土食材种植、乡土加工方式、乡土饮食文化等环节相关的体验内容。

（2）住：短时间的"住"，是指按短住宿时长（1~3天）所做的一般住宿环境打造；长时间的"住"，还包括能够与乡土氛围相结合的生活模式、生产模式、娱乐模式。

（3）行：短时间的"行"，是指按短出行时长（1~3小时）所做的景点位置安排；长时间的"行"，是指按长出行时长（3~5小时）所做的景点位置安排。

（4）游：短时间的"游"，是指按短出行时长（1~3天）所做的游览线路组织；长时间的"游"，是指按长出行时长（3~5天）所做的游览线路组织。

（5）购：短时间的"购"，是指在集中售卖点（如超市、纪念品店等）出现的，处于生产链条末端的成形商品；长时间的"购"，还包括可在全生产场景中出现的，覆盖全链条环节中的原料、半成品、准商品。

（6）娱：短时长的"娱"，是指按短活动时长（1~3小时）所设置的活动项目；长时间的"行"，是指按长活动时间（3~5小时）所设置的活动项目。

第二，从乡土原住民的个性寻找差异。

曾经有个想法非常活跃的同学问过笔者这样一个问题："老师，按您所说，人群分析都应以个性化的受众特点为起点，那么我如果仅从一两个原住民（或业主）的个性挖掘来完成方案，会不会出现结果和其余多数受众爱好不符的情况？"这个问题提得非常好，这里以常见的景观建筑设计——民宿为例进行说明。大家知道，并非所有的民宿造型或环境条件都具有优秀的"先天个性"，那么，假设你作为经营者，你觉得哪些因素可以令自己的民宿与众不同？

相信很多同学心里都会想，无非就是在建筑造型、景观节点上做文章吧。事实确实如此，但我们总要为设计找到一个依据！笔者认为，一味教条式地给学生灌输"从项目所处的地域风貌、地域文化、地域产业来寻找突破口"，不如从乡土原住民的个性上分析差异，具体如下：

（1）原住民的生活模式个性

在有"北方瓷都"之称的禹州神垕镇，常见"前商、中住、后生产"的三进式院落布局，这和中原地区其他的村镇居住模式没什么不同，但因为行业的关系，当地盛行着浓浓的窑神信仰，家家户户的门口都会在山墙、倒座墙上凿出壁龛或摆上香案来祭祀窑神，这就令其居住空间充满了个性（图4-3~图4-5）。

图4-3　山墙上的壁龛　　图4-4　外墙上的壁龛　　　　图4-5　倒座墙上的壁龛

（2）原住民的职业习惯个性

职业习惯，通常由其社会角色导致，它往往左右着业主，甚至地域的审美意趣。在神垕镇，大家都习惯于将废旧的瓷器制品、半成品用于建设，或用于局部的墙体装饰，或干脆砌筑成整面墙体（图4-6~图4-8）。

图4-6　废弃的瓷器制品　　图4-7　外墙上的碗匣（烧制瓷碗　　图4-8　内墙上的碗匣
　　　　　　　　　　　　　　　　　时用坏、磨损的模具）

4.2　空间主题的定位思路

4.2.1　空间主题的概念与特点

主题，是所有艺术创作的灵魂，古时称为"立意"，现在则被誉为艺术家们抒发情感的载体，是一切艺术形式所追求的目标。空间主题也是一样，它代表着景观意象的深层内涵，是使受众产生心理认同的基础，更是形成空间个性的关键。如果拿文学语言进行比喻，那么分区、节点、路径就相当于文章的段落和词句，而主题便是通篇文字的主题思想，它令各种散落的要素围绕在其周围。正因主题具备如此的作用和地位，经常被用来作为判断景观作品质量优劣的重要指标。

图4-9~图4-14展示的是著名建筑师丹尼尔·里伯斯金（D. Libeskind）设计的柏林犹太人博物馆，项目位于德国柏林第五大道和92街的交叉口，堪称巧妙进行主题表达的教科书式作品。设计师为表现犹太人曾遭受挣扎与屈辱，采用了一系列看似怪诞的建筑语言：扭曲纠结的鸟瞰平面、花园中高不可攀的混凝土花坛、宛如垂死挣扎时在墙壁上留下的抓痕、反常理的逼仄狭窄的室内空间……无处不在宣泄着一种浓浓的绝望情绪。

图4-9　扭曲的鸟瞰平面

图4-10　混凝土花坛

图4-11　撕裂的外墙

图4-12　逼仄的楼梯间

图4-13　阴冷的室内气氛

图4-14　狭窄的室内中庭

图 4-15~ 图 4-17 展示的是极简主义景观大师彼得·沃克设计的纽约世贸公园，为了传达一种希望的精神，设计师创造了一个下沉空间，它们原是双子塔坍塌后留下的大坑。当四周的人工瀑布徐徐汇入下沉空间时，激起的水声仿佛在暗示遇难者的悲鸣。

图4-15　景观鸟瞰　　　　　图4-16　日景效果　　　　　图4-17　夜景效果

4.2.2　空间主题的错误定位逻辑

在初学者的练习中，经常会发现各种对主题的错误理解，归纳一下大概有以下三类：

（1）误区 1：主题深度过浅甚至无主题

这是日常教学中最易碰到的一类问题，学生往往更倾向于关注分区、路径、节点等功能性的内容，对主题的理解只停留在粗浅的象形图案层面[①]，只能通过形态的模拟来表达主题，很少见到寓意巧妙的构思（图 4-18、图 4-19）。

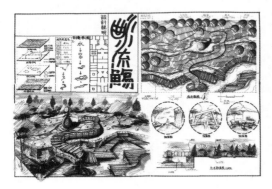 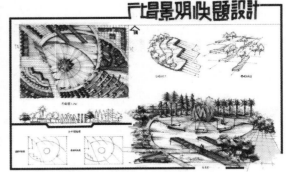

图4-18　将主题理解为形态模仿的作品　　　　图4-19　只考虑各分区功能，没有
　　　　　　　　　　　　　　　　　　　　　　　　　　　　任何主题的作品

（2）误区 2：主题数量过多导致主次不分

这种误区的问题在于，学生们过多在意于局部的空间主题构思，忽略了从宏观角度上

---

① 对于这部分内容，请详见2.2.4节的论述。

的立意取舍。更多的情况是，学生经常会漫无目的地塞入自己所想到的一切内容，结果造成整个场景的风格混杂，各分区内充斥着大量无关的信息要素（图4-20、图4-21）。

图4-20　分区形态没有呼应的作品

图4-21　场地形态没有咬合的作品

（3）误区3：主题内容与实际表现相互游离

以毕业设计这种相对完善的作品为例，学生喜欢将近年来业界流行的时髦"热词"作为主题，像"生态""有机""共享""低碳""可持续"等词汇屡见不鲜，但尴尬的是，在方案表现的过程中，又不能实事求是地基于项目实际展开推敲，令最后的作品沦为酷炫效果图支撑的虚假形式主义（图4-22、图4-23）。

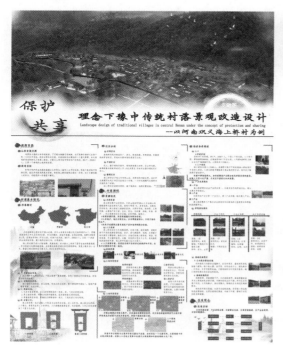

图4-22　实质内容不足以支撑主题理念1

图4-23　实质内容不足以支撑主题理念2

4.2.3 景观绿色设计中的空间主题定位

在景观绿色设计中，主题设定的宗旨就是应时刻提醒自己——主题一定要成为区分此空间与彼空间的形象、意涵临界点。那么，根据这一宗旨，我们可以将乡土环境中的主题属性归纳如下：

第一，主题应具备视觉形象或功能意涵上的易辨识性；

第二，主题不能偏离于整体乡土环境的准适性与协调性。

照此标准，乡土环境中至少有以下三种内容可以作为主题推敲的凭借：

（1）根据空间使用受众的主流需求进行推敲

大体来分，乡土环境中的使用受众包括了游客、原住民两类人群。若进行细分，除可以按年龄将人群分为老人、中青年与小孩外，更推荐按出行性质进行划分，比如以科学考察为目的的研究人员（教师、学生）、抱有特殊目的的游客（寻根游、亲子游），甚至无目的的游客（团客、散客）……很明显，相较之下按出行性质划分更容易成为主题发散的源点（图4-24~图4-26）。

图4-24　田野考察的学生　　图4-25　农田采摘的儿童　　图4-26　旅游爱好者

（2）根据所有者/经营者/管理者的专属特征进行推敲

乍看之下，或许有同学不能理解，以往老师一直强调的是根据受众需求来定义空间啊？所有者/经营者/管理者是什么意思？其实，大家可以这样去想：相对于游客而言，所有者/经营者/管理者对空间的使用时间更长。此外，与林林总总的游客属性相比，所有者/经营者/管理者的特点更易把握，类似身份、职业、审美、习惯等皆可以用来成为空间的个性（图4-27、图4-28）。

（3）根据设计方案的专属定位指向进行推敲

当设计方案对某些区域的定位有明确指向时，必须配合这种指向做出功能、风格上的调整，同学们可以将这种定位想象成迪士尼公园中一个个的主题空间（图4-29~图4-31）。

图4-27　带有强烈职业特点的装饰风格　　　图4-28　带有强烈个人爱好倾向的景观设计

图4-29　宝藏湾主题片区　　　图4-30　童话城堡主题片区　　　图4-31　米奇大街主题片区

4.3　空间内容的确定思路

4.3.1　空间内容组织的重要性

功能与形式，是所有设计类型都需要重点考虑的两大领域，若要讨论设计教学中功能与形式的传统，恐怕无法绕开建筑学两大体系的历史争辩——以法国巴黎美术学院为代表的布扎构图法和以德国包豪斯学校为代表的功能分析法。

布扎构图法，早在19世纪末便已成为理解、描述、设计和评价建筑的成熟教学体系，其思想以绘画领域的"构图"观念为核心，即将各种建筑要素按照等级性、对称性、均衡性等原则组织在一起，形成易于被人们感知并理解的设计秩序。在这个过程中，与设计相关的形式秩序、空间逻辑、功能分布、结构组织等内容统统集中体现在平面布局上，而功能、形式和结构之间的逻辑关系皆取决于"构图"。所以，布扎构图法又可以被理解为一套从形式出发的设计策略。

　　与布扎构图法相比，包豪斯所推崇的功能分析逻辑策略更为我们所熟知，该逻辑认为，设计的重点不在于"装饰"，而在于"功能的编排之后的形式秩序"，这一思想最终奠定了"功能决定论"的基本原则——强调使用功能对外部造型的决定作用。不可否认，包豪斯对现代设计的发展影响巨大，但毕竟受限于其所处的历史、政治、经济、社会因素，它也不可避免地存在一定的局限性：

　　①它过于重视构成理论，强调形式的简约和功能的表达，忽视了人的细腻情感需求；

　　②它在追求几何形式的同时，极力排斥地域文化、地域传统，导致了千篇一律的国际主义风格。

　　正因如此，包豪斯思想影响下的作品普遍缺乏人情味，也遭到了后世的普遍诟病。但由于我国真正意义上的设计教育受苏联影响颇深，而苏联又承袭于包豪斯一脉的现代主义设计体系，所以直到现在，以功能分析为切入仍是国内设计教育的主流逻辑。那么言归正传，在景观设计中到底如何确定空间应有的功能或内容，是一个令初学者非常头疼的问题。本节中，笔者以民宿为案例，带领大家完成乡土情境下的景观空间内容组织。

　　当初次接触乡村这样主题性较强的设计任务时，很多同学都会因为没有农村生活的经历、不熟悉农村的生活方式而不知道如何赋予空间合适的内容，实际上同学们大可不必过于纠结，虽然乡土情境和我们日常接触的公园设计、街道设计的确有所不同，但基本的推敲逻辑都是相通的。先不妨进行思考——怎样才能了解到乡土居民的生活行为习惯？或许，从日常行为活动的观察中便可得出答案。

　　大家都听过这样的话——乡土生活是淳朴的！所谓"淳朴"，正在于它的内容简单，事实上，日常的农事活动和节假日的休闲活动几乎构成了乡土生活的全部。若再进一步聚焦：农事活动，可以根据地点的不同细分为"田地耕种"和"院落自种"两种主要类型；交流活动，同样可以根据地点的差别而细分为"固定地点的交流（串门）"和"不固定地点的交流（闲谈）"两种主要类型。到了这里，似乎已经有点眉目，但分析远没有结束！我们还需要将这些乡土活动类型同任务给定的前提条件相结合，看看还会发生什么？（图4-32~图4-34）

图4-32　插秧

图4-33　犁地

图4-34　收割

4.3.2　乡土情境下的空间内容组织

首先顺着农事活动这条线进行梳理——当二者相结合后，那么"在田野耕种"的活动自然不在讨论之列，再来看"在院落自种"这种情况，我们会自然而然地联想起几个疑问：

第一，适合在宅院内种植的作物类型有哪些？

第二，这些不同的作物类型分别适合于在宅院内的哪些环境下种植？

第三，除了在宅院内划分出耕种区外，还需不需要有歇坐区、交流区等其他功能分区？

第四，如果认为还需要有这些功能分区，那它们的位置、尺度该怎样分配才比较合适？OK！如果你能分析到这一步，空间的内容已经非常清楚了。

接下来，我们再顺着邻里交流这条线进行梳理——当二者结合后，首先抛开街巷、门旁、室内等与宅院无关的干扰条件，再同样提出几点疑问：

第一，如果以现有的民宿作为参照，像四周、边角、正中等院落内的不同区位，哪些更适合于邻里交流，分别能够容纳多少人？（图4-35）

第二，如果交流的时间比较长，应该添加哪些要素才能使环境变得更加舒适？（图4-36）

第三，既然为了舒适，那么当考虑了遮阴、避风、家具摆放等附加因素后，这些交流场所又该分别需要多大的面积尺度？（图4-37）

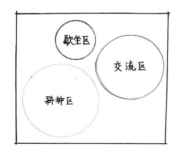　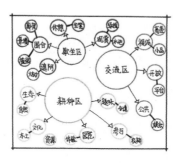　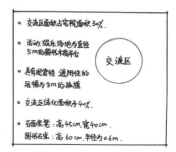

图4-35　对基本功能的思考　　图4-36　对景观效果的思考　　图4-37　对面积尺度的思考

讲到这里，我们来对本节的知识点进行总结：通过本节知识的学习，我们了解到在面对某些特殊环境下的景观设计任务时，一定不要刻板、顽固地套用曾经学到的空间功能推敲逻辑，即便你并不具备在这种环境下的生活经验，也应首先按照人们日常的生活、行为习惯，去思考和组织不同空间的设计内容。

4.4 空间节点的位置推敲

4.4.1 空间节点位置推敲的重要性

节点，又称"景观节点"，在景观类的专业书籍中，它一般被描述为"构成景观体系的重要元素"，特指一些具体的景观单体或群体。按类型进行划分，广场、建（构）筑物、水体、植物等任何一种标志性的景观要素都可以作为景观节点；按形式进行划分，景观节点又包括了独立式和系列式两种（图 4-38~ 图 4-43）。

图4-38 节点类型1：广场

图4-39 节点类型2：构筑物

图4-40 节点类型3：水体

图4-41 节点类型4：植物

图4-42 各自独立的节点

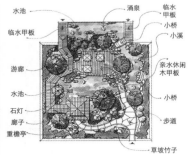

图4-43 统一主题的系列节点

从设计实操的角度来看，景观节点设计是景观设计全流程中第一个涉及细部的关键环节，但更多时候对于节点设计的讨论，大都集中在造型、材质、寓意、尺度等方面，较少看到有关"节点如何定位"的方法总结。笔者认为，或许是觉得"定位"这种东西牵涉的主观性太强，如果生硬归纳成某种方法，会限制初学者的灵感发挥，所以大家"默契"地达成了不谈的共识，就算遇到了类似的议题，也往往将其归于对景、借景等造景原则的范畴。

但尴尬在于，日常教学中经常会有学生提出对"节点定位"的一系列询问，且这种询问不仅止于什么样的节点应该设置在哪里，他们甚至笃定老师的解答背后一定藏着某种"攻略技巧"……这种屡见不鲜的现象不禁引起了我的反思——的确，节点的定位，到底有没有某种规律可循？除了综合考虑拟作为节点的要素特征（如尺度、形态等），以及节点所处空间的环境特征（如功能定位、范围大小等）外，是否真的存在一些共性的、更易于把握的技巧？

平心而论，节点的定位，尤其是第一个核心节点的定位问题绝不简单。比如：设计练习中一旦遇到某分区内部流线混乱的错误时，学生（甚至有些老师）也都习惯性地将之归咎于——是否有些要素的尺度存在失衡？是否原本应分开的动静、洁污流线出现了交叉？极少有同学认真去反思——是不是有可能恰恰在于初始节点的定位不妥（图4-44、图4-45）。

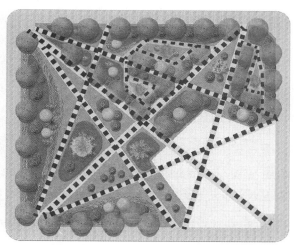

图4-44　带有强烈职业特点的装饰风格1　　　图4-45　带有强烈职业特点的装饰风格2

再者，由一草泡泡图向二草初步方案的具化过程中，"定位"始终是一个不可绕开的话题——功能分区需要定位、分区的出入口需要定位、游线（或道路）途经的轨迹需要定位……就算聚焦到某一处功能分区时，倘若核心节点的定位问题没有解决，也会直接影响次要节点、辅助设施等后续一系列的推敲流程的展开。

综上所述，围绕节点位置推敲的专题讨论势在必行。

4.4.2　空间节点位置推敲的一般方法

节点定位在哪里更为合适，其先决条件在于要搞清楚一共有几种类型的节点需要放置。在本书中，笔者把节点的类型简要分为功能型节点和观赏型节点两大类，功能型节点的例子，比如沙发之于歇坐区、水池之于水主题花园等；观赏型节点的例子，比如树形最为舒展的乔木、体量最大的建筑、色彩或材质明显异于周边要素的雕塑等（图4-46~图4-50）。

图4-46　庭院中的歇坐区

图4-47　庭院中的种植区

图4-48　乔木为主景的庭院

图4-49　建筑为主景的庭院

图4-50　雕塑为主景的庭院

幸运的是，很多时候因为受限于场地尺度，这两类节点并不总是同时出现于同一场景之中（图4-51、图4-52）。

图4-51　只以功能型节点出现的场景1

图4-52　只以功能型节点出现的场景2

为了详细示意节点定位的操作，这里分别举两个例子进行说明，在这两个例子中，功能型节点和观赏型节点被要求同时出现，并需要打造一处安静的私家庭院，我们来看一看此时应如何推敲（图4-53、图4-54）。

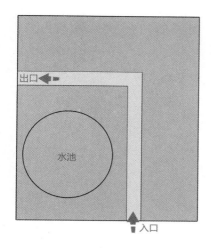

图4-53　案例1基础场地

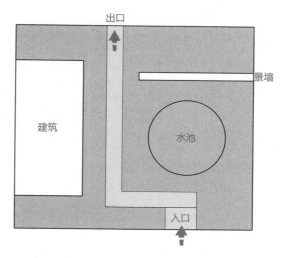

图4-54　案例2基础场地

很多初学者都容易犯的错误在于——直接指定一处位置，而场地的中心又往往更受青睐，因为在多数初学者的脑海里：一则，这里所受的干扰因素较小；二则，这里可以提供足够的空间；三则，这里很容易成为视觉的焦点，体现出它的重要性（图4-55、图4-56）。

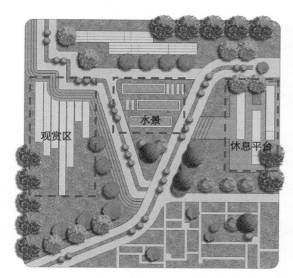

图4-55　以中心为思考源点的方案1

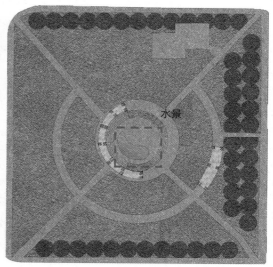

图4-56　以中心为思考源点的方案2

但实际上，尽管这样考虑并不为错，但上述"好处"并不能让中心显得完美，因为：

第一，它可能会对路线的组织产生阻隔，而当场地面积较小时，为避开中心位置，环绕的路径会变得局促、呆板；第二，它可能会对视线的组织产生阻隔，除非背景一侧的要素较高，且中心的构景物尺度较小，否则会令场景显得生硬、拥挤（图4-57、图4-58）。

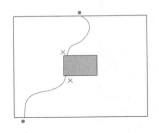

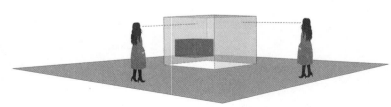

图4-57　中心构图会令路　　　　　　图4-58　中心构图会对视线产生阻隔
　　　　径设置变得呆板

所以，笔者认为正确的逻辑并不是一定要从所谓的"可容纳性"或"重要性"进行定位，同学们不妨从使用者的行进轨迹入手展开推敲。

假设场景中拟设置的功能型节点为A、观赏型节点为B、可能的人群为O[①]，那么"定位"问题就变成了O—A或O—B两条关系线的组织问题，而A和B的位置确定也就变成了对O（行为轨迹）的位置确定。此时大家便惊喜地发现——O比A、B更好确定，因为O的行为轨迹沿路径进行，对O造成影响的，至多体现为路径的端点和拐点。

4.4.3　空间节点位置推敲的进阶方法

4.4.3.1　观赏面概念的引入

讲到这里，我们必须引入一个概念——"观赏面"，需要说明的是，这个概念并非严格意义上的专业术语，而是笔者对从O推敲A、B两类节点时，将其作为定位依据的称呼。所谓"观赏面"，就是以人的正常观察视域为参照，快速推敲出的节点定位范围或成景范围。在实际使用中，可以对观赏面进行一些"约定"：

（1）人机工程学的研究表明，45°～60°为人类的最佳视域范围，我们同样将该区域作为节点定位的合理区域；

（2）观赏面的基点优先设在路径端点与拐点、场地出入口；

（3）对人的观看方向进行判断时，主要做前、后、左、右的正向[②]和45°方向考虑；

---

① 为什么要说"可能的人群"，因为设计师对人群的行为只能引导，不能限制或强加。以此案例来说：人群或停或走不由设计师的方案决定，如果选择"走"，那么观赏型节点对他的吸引力最大；如果选择"停"（使用），那么功能型节点对他的吸引力最大。

② 所谓"正向"，即是说一般循路径、开窗等朝向而定。

（4）相对立面而言，更推荐将观赏面应用于平面图的推敲中。

现在看图4-59，我们按照以上推敲"约定"，分别在拐角、端点等位置标出观赏面的视域夹角，不难看到像大乔木、置石、平台等功能型和观赏型的节点，无不处于观赏面的范围之内，这也印证了本方法的合理性。

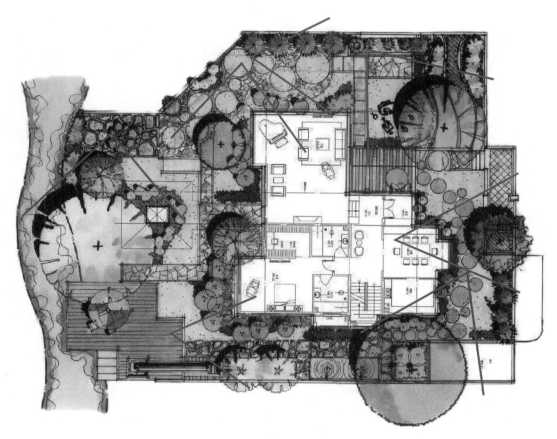

图4-59　观赏面在设计作品中的应用

4.4.3.2　观赏面在案例1中的应用

回到刚才的案例1：在该场景中，有一条已经存在的路和观赏型的景观节点（圆形水池），节点的定位推敲过程如下：

第一，在入口处的b点画出视锥线，与尽端的围合边界交于c、d，则c~d即为暂定的"合理定位区域X"（图4-60）；

第二，在吸引物（水池）的吸引作用下，人随着规划好的路径向前行进，但由于路上没有其他的停靠点或节点，人们会移至道路转折处（f处）。此时，可能出现向西、向东、向北、向南4种观看取向，我们分别画出4个方向上的观赏面（图4-61）；

第三，对4个观赏面进行分析：向西看，与此入口 a 重叠，说明这个方向应该设置有景观节点（因为出现了远、近两种观赏可能）；向东看，虽能看到部分的"合理定位区域 X"，但存在视距过短的可能，即便在这里设置景观也以小型、低矮的节点为主；向北看，与 b 点推得的区域 X 基本重叠；向南看，可以基本看到水池及道路东侧的用地范围（图4-62）。

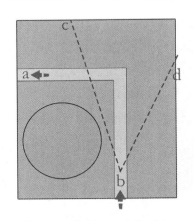
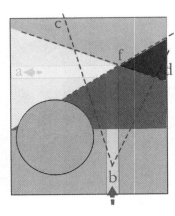
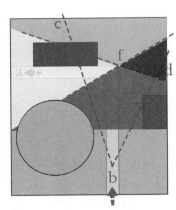

图4-60 步骤1：确定"合理定位区域X" 　　图4-61 步骤2：在可能的停留点上画出观赏面 　　图4-62 步骤3：逐一分析各观赏面的利弊

综上分析，可以得出结论——景观节点的定位，可以设在场地纵向道路的东侧偏下，以及横向道路的上部，优势在于：这些位置都属于视线的交汇处、有一定的容纳空间、能够结合水池和道路朝向形成对景，至于哪里更适合做观赏型节点，哪里更适合做功能型节点，则需要根据具体的尺度进一步判断，此处不再赘述。

4.4.3.3 观赏面在案例2中的应用

再来看案例2：在该场景西侧，已有一栋既有建筑，而作为观赏型节点的水池位于东侧，我们既希望能将受众的视线焦点组织到水池之上，又希望建筑前保留一定的活动区域，现在应如何推敲呢？

第一，分析任务要求和空间利弊：建筑和水池虽有视线上的关联可能，但如果在二者之间设立广场等活动场地，集散的人流势必会影响建筑内的安静。所以，我们更倾向于将活动区域放在水池的北侧，因为东侧距离过短，而南侧临近入口与人流缓冲区又形成了冲撞（图4-63）。

第二，将连接 c（入口）、d（出口）的道路作"L"形设置，好处在于：一方面，它可以限制在建筑与水池间出现公共活动空间的可能；另一方面，它能帮助缓解入口 c 的人群疏散压力（图4-64）。

第三，在既有建筑的窗户处朝水池一侧画出景观面夹角，观赏面内的水池东侧，可设置如景墙等立体节点，该节点将连同水池一起构成建筑的对景（图4-65）。

第四，在 d 处朝向东一侧标出观赏面，考虑到因入口处的缓冲区域、建筑与水池之间的动静分区缘故，场地内尚无公共活动区，而只有水池北边和 d 出口东侧的观赏面交叉处尚有空地。所以，可在此设置成公共活动区，这样场地就出现了形态（一宽一窄）、构景（一明一暗）、功能（一静一动）皆有对比的空间层次（图4-66）。

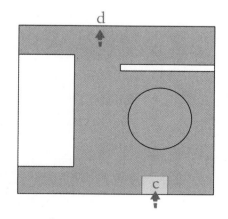
图4-63　步骤1：分析任务要求和空间利弊

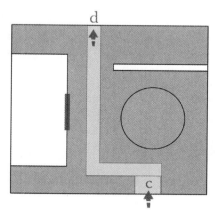
图4-64　步骤2：将主要路径形态设为L形

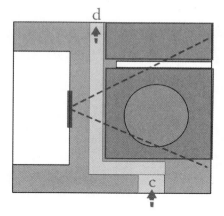
图4-65　步骤3：按对景原则设置节点

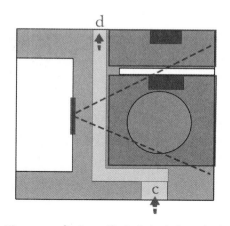
图4-66　步骤4：最后确定的空间布局

我们最后总结一下：首先，因为观察者不可能长时间停留在 O 点，他会做出一系列行动、停留的行为，所以，O 点通常是多变的，每一个可能停留或有意引导其停留的点（如道路拐角、观景台等），都可视为 O 点。其次，空间内通常不只存在一个独立的功能承载要素或成景要素，它们还可能同时出现，所以当这种情况发生时，不仅需要考虑 O—A、O—B 间的关系，还需要考虑 A—B 之间的关系。

第五章　景观绿色设计的应用领域

5.1　中原地区的乡土环境

5.1.1　豫东地区

豫东地区是中华文明的发祥地之一，也是黄河文明的主要发源地。夏朝中期，少康定都纶邑（今商丘市夏邑县）；商朝发源于商丘，并在商丘建都；周朝时期，宋国定都商丘、陈国建都株野（今商丘柘城）、魏国建都大梁（今开封）、楚国建都淮阳；陈胜的张楚政权建都陈县（淮阳）；汉朝时的梁国建都商丘睢阳；宋朝建都东京（开封），并将商丘作为陪都"南京"；金朝以开封为都，称"南京"；金朝后期，又先后在开封、商丘定都；自元朝至新中国成立初期，开封一直是河南省的政治、经济和文化中心（图5-1、图5-2）。

图5-1　豫东地区范围示意　　　图5-2　豫东地区地形

5.1.2　豫西地区

豫西地区西接陕西、东靠中原、北依太行、南邻黄河，主要包括"十三朝古都"洛阳、平顶山和三门峡。该地区在上古时期曾孕育出裴李岗文化、仰韶文化和龙山文化；进入封建社会，洛阳是周天子的统治中心，三门峡地区建虢国，平顶山为应国；中古时期，豫西属豫州，洛阳、三门峡归河南府、河南郡管辖，平顶山分属颍川郡、三川郡和南阳郡；汉改三川郡为河南郡，北部仍属颍川郡；晋析颍川置襄城郡，平顶山属河南郡、襄城郡、南阳郡；南北朝时，先后分属鲁阳郡、襄城郡、南安郡、汝北郡、汝南郡、顺阳郡、汉广郡；近古时期，洛阳属河南道，三门峡属豫西道管辖，平顶山属河洛道、汝阳道，后分属豫南道、豫东道、豫西道（图5-3~图5-5）。

图5-3　豫西地区范围示意　　　图5-4　豫西地区地形　　　图5-5　豫西地区国家级传统村落分布

5.1.3　豫南地区

广义的"豫南"是指河南的南部地区，包括信阳、漯河、南阳、平顶山、周口、商丘、许昌、驻马店8市，故有"豫南八市"之称；若按生活习惯和气候来划分，狭义的"豫南"则单指河南最南端的信阳地区。信阳是中华文明重要的发祥地之一，素有"北国江南，江南北国"之美誉，曾涌现出春申君黄歇、孙叔敖、司马光、许世友、邓颖超等著名历史人物；南阳地处豫、陕、鄂、川、渝5地交界，是西汉时的六大都会之一，同时也是中国首批对外开放的历史文化名城之一和国务院命名的第二批历史文化名城，更是全国范围内楚文化与汉文化最为集中的旅游区之一，素有"南都""帝乡"之称（图5-6~图5-8）。

图5-6　豫南地区范围示意　　　图5-7　豫南地区地形　　　图5-8　豫南地区国家级传统村落分布

5.1.4　豫北地区

　　豫北地区西依太行山，与晋东南的长治、晋城交界，北靠冀中南，与河北邯郸毗邻，南面黄河，东连鲁西北，与冀中南地区、鲁西北地区共同组成了华北平原。其中，"中国七大古都"之一的安阳是周易文化和甲骨文文化的发祥地；新乡是共工治水、鸣条之战、姜尚垂钓、牧野大战、官渡之战、杏坛讲学等事迹的诞生地；焦作是太极拳的发源地，也是裴李岗文化、仰韶文化和龙山文化的主要遗存地；濮阳是2012年被中国古都学会命名的"中华帝都"和"杂技之乡"，是卢、张、范、姚、秦、顾、孟、骆等姓氏的起源地；鹤壁是商朝国都朝歌和战国时期赵国的都城，是林、石、卫、康、殷等姓氏的起源地；济源是愚公故里和"四渎"之一——济水的发源地（图5-9~图5-11）。

图5-9　豫北地区范围示意　　　图5-10　豫北地区地形　　　图5-11　豫北地区国家级传统村落分布

5.2　中原地区的乡土资源

5.2.1　中原地区传统村落的分布特征

　　在聚居生活的最初结成阶段，中原地区的早期聚落分布整体呈现"大分散、小聚集、小规模"的状态。受到自然条件的限制，在地广人稀的广阔生态空间中孕育的中原地区早期聚落，大体呈现条状和块状两种分布类型。呈条状分布的早期聚落，一般出现在峡谷、河道、盆地、山丘等有明确地貌变化的自然环境之中，又以豫西和豫南地区居多，通常表现出较为明显的集中趋势；呈块状分布的早期聚落，一般出现在平原、浅丘等地貌差别不大、自然阻碍较小的开阔环境之中，又以豫中地区居多，通常表现为较为松散的格局形态（图5-12）。

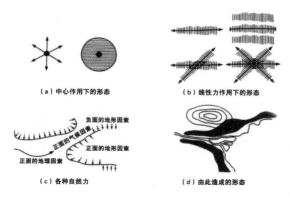

图5-12　多种力作用下的聚居形态

图5-13　三大传统村落（镇）汇聚区

利用 ArcGIS 10 软件，把河南境内的4批传统村落地形图相叠加，能够观察到其分布存在一定的规律性，即地域分布密度与自然地貌条件紧密关联，明显呈现一条"倒 U 形"曲线（图5-13）。

从数量上看：西多东少、边缘多中部少，且数量依山区、丘陵、平原、盆地的地貌变化递减。

从分布形态来看：东部3市没有传统村落[①]；在豫西、豫南、豫北的山地和丘陵地区，传统村落呈相对集中的条带状分布；在豫中、豫东的平原地带，传统村落的分布则相对均匀。

从疏密程度来看：豫西地区的综合分布密度最大，豫中和豫东地区的综合分布密度最小，豫北地区的综合分布密度接近全省平均值，豫南地区的综合分布密度稍低于全省平均值。传统村落遗存分别在豫中的平顶山一带，豫北的安阳、鹤壁、焦作一带，豫南的信阳一带，各自形成了较为明显的汇集区。

注意到这种规律之后，将3处汇集区的自然背景进行对比，发现其中存在如下共性：

（1）多位于山地、丘陵等地形、地貌突变区域

例如：豫中汇集区位于伏牛山东段与淮河平原的过渡地带；豫南汇集区位于桐柏山、大别山组成的山地地带；豫北汇集区位于南太行山与华北平原的交界地带。以地处太行山大峡谷的安阳市林州任村镇为例，虽然特殊的山地地貌不利于农耕，也会对村民的出行和村落的发展造成影响，却在天灾、战乱时期为村落提供庇护，从而一定程度上保持了景观风貌的完好。

（2）多位于行政区划的交界之处

景观生态学认为：边界具有异质性，容易因信息、资源等要素的汇聚而引发"边界效应"。该效应也同样适用于人类聚居，以焦作市寨卜昌村为例，村落位于河南与山西两省

[①] 2016年，豫东地区首次入选国家级传统村落1个，后于2019年入选3个。

的交界，交通的便利使得两省文化在此融合，方言、民居、服饰、饮食……几乎所有的风貌形态都带有极其鲜明的交融特征。事实也正是如此，这里自古便是地方政权极为重视的交通要塞和中原重镇。

（3）分布密度多与自然灾害的影响有关

因一马平川的平原地貌所限，加之"善决善淤善徙"的黄河中下游洪涝影响，直接导致豫东地区出现了村落遗存与文化丰厚的极不平衡性。据《元史·王行志》记载：元末至正元年（1341年）到至正二十六年（1366年），中原地区几乎每年都会发生特大的洪泛灾害。至正四年（1344年），黄河在曹州、汴梁等地决口3处，人民游移高达45.8万户。燕、赵、齐、鲁及苏北、皖北一带人迹荒凉。直至明朝初期，山东、河南、河北一带还多是无人之地。以开封为例，此地虽贵为"八朝古都"，但竟然没有一处国家级传统村落遗留。可反观与之毗邻的驻马店和信阳，传统村落的遗存数量竟多达20处（驻马店1个、信阳19个）。由此，自然灾害对当地传统村落遗存的影响可见一斑。

（4）多与官方政策的控制有关

图5-14 核心文化发源地

图5-15 裴李岗文化在中原地区的分布

正是由于洪灾对中原等地的可怕影响，为恢复生产，明朝时期，我国发生了历史上规模最大、时间最久、涉及面最广的官方有组织移民——洪洞大槐树移民［洪武三年（1370年）至永乐十五年（1417年）］。虽然这种做法是出于统治者对王朝统治的考虑，但也在某种程度上说明了如今中原地区传统村落的遗存年代多为明清的原因。

再从文化背景进行分析，中原地区传统村落之所以出现这样的分布规律同样绝非偶然：

（1）3处汇集区都是中原文化主要支脉的发源地

豫中汇集区是始祖文化和黄帝文化的发源地，其中始祖文化主要以根文化、姓氏文化为代表；豫南汇集区是荆楚文化的发祥地；豫北汇集区是女娲文化、殷商文化和龙文化的发源地（图5-14）。

（2）3处汇集区皆属史前人类文化的诞生地

以豫北和豫中地区的裴李岗文化进行说明，

根据"中华文明探源工程"的研究，裴李岗文化是中原地区迄今为止发现得最早的史前人类文化，它兴起于新石器时代的黄河中游地区，是早期中原先民最早开创的地域文化之一（图5-15）。

5.2.2　中原地区传统村落的遗存现状

5.2.2.1　建制沿革

生产力的发展和农耕文明的出现是中原地区传统村落的产生基础。据考古学研究证实：史前时期这里所广泛存在的大量龙山文化和仰韶文化遗址，即是中原地区传统村落的雏形。

夏朝初期，中原地区开始出现作"卫君、守民"之用的大规模聚居点和防御性城堡，随着商品交换和社会分工的进一步扩大，它们开始向早期的城镇过渡。

据史料记载：公元前16世纪，以中原为疆域中心的商朝先后迁都7次，其中有4次发生在河南。在今天已知的70多个商代城邑中，有近30余个都位于河南境内。这一时期，单纯的固定聚居点已经逐渐转化为具有一定规模的城、邑了，它们中的大部分后来又演变为今天的建制镇。

周朝是奴隶制社会的全盛时期。周成王七年（公元前1036年），周公姬旦营建洛邑，建王城（今洛阳市区）和下都（今洛阳白马寺镇东）二城。东周末期，那些于西周初期先后分封的1200余个大小诸侯国仅剩140多个，其中50余个位于河南境内。

春秋至战国时期，河南已拥有大小城邑200余个，经诸侯战乱或兼并后，只剩100多个。从历史记载可知，此时的城邑规模较之以往有所扩大：魏都大梁（今开封市），面积超过10平方公里，另如宋都的睢阳、韩都的阳翟、楚都的宛陈等城邑，占地范围也均超过了5平方公里。

及至秦朝，广泛推行郡县制。东汉末年，除洛阳城外，河南境内的郡县级城镇已达150余座，最初的一批小型集市，现已逐渐发展为包含都城、郡府、县城、集镇等类型的完整城镇体系。

魏晋南北朝时期，社会动荡令中原各地的村镇建设遭到不同程度的破坏，但由于隋唐时期京杭大运河的开凿，沿线的宋州（今商丘）、淮阳、朱仙镇、周口镇却趁机得到了发展。例如，乘贾鲁河水运而兴的朱仙镇，至明清时期已发展为与汉口、佛山、景德镇齐名的"四大名镇"。如滑县道口镇、唐河县赊店镇、河内县（今博爱县）清化镇、内黄县楚旺镇、固始县三河尖镇等，都曾是享誉国内的清代名镇。

从清朝末期到1949年新中国成立前夕，随着中原经济的大幅衰败，在当时仅存的128个城镇（县）中，人口超过10万的只有开封（24万）和郑州（15万），其余绝大部分都是不足万人的小型村镇。

5.2.2.2 风貌意象

中原地区传统村落虽因区划背景、资源条件等因素的不同而各具特点，但因受中原文化影响，又有很多相似处。中原文化在传播过程中与不同地域的自然背景发生结合，衍生出了如姓氏文化、黄帝文化、龙文化等多彩多姿的地域文化子项，虽然这些地域文化的表现形式不尽相同，但终究同根于传统农耕生活的载体语境，因此，中原地区传统村落风貌意象的另一表现，便体现在相似的生活习俗之中。

首先，相似的神性文化主题。除新县西河大湾村的大圣庙、开封地区的岳飞庙、新乡卫辉的比干庙、禹州神垕镇的窑神庙等特殊孤例外，中原地区传统村落中随处可见如龙王庙、观音庙、土地庙、三官庙、奶奶庙等建构形态，尽管其供奉神祇、祭拜流程有所区别，但从主题来看，却都与农耕生活、特有资源等神性文化主题有关（图5-16、图5-17）。

图5-16　神垕地区的"关爷庙"　　　　　图5-17　神垕地区的"娘娘庙"

其次，相似的宗族文化规约。作为宗族文化的典型体现，祠堂是村落中极为常见的建构类型。通常而言，宗祠有大小之分，而在中原地区的传统村落中，各地祠堂的形制却基本大同小异：大型祠堂，通常设有月台、大门、二门、过厅、戏楼、正堂、后寝、左右厢房、临街房等，有的还配以甬道、松柏、石狮、匾额、碣石等陈设，如豫北焦作寨卜昌村；小型祠堂，一般仅为一间，内设高、曾、祖、考四世神主的龛位①。有趣的是，除全族共奉的总祠与各家分奉的分祠外，在新县周河乡还存有一座全国都极为罕见的"五姓宗祠"。据当地百姓介绍：明清时因为这些地域依然同属于中原文化区的共性圈层之内，故

---

① 民间习俗中的"祖宗十八代"是指：自己上下各九代的宗族成员。上序依次为：父亲、祖父、曾祖、高祖、天祖、烈祖、太祖、远祖、鼻祖；下序依次为：儿子、孙子、曾孙、玄孙、来孙、晜孙、仍孙、云孙、耳孙。从小到大的顺序简称为：耳、云、仍、晜、来、玄、曾、孙、子、父、祖、曾、高、天、烈、太、远、鼻。

又表现出一定的"相似"意象（图5-18、图5-19）。

图5-18　寨卜昌村的王氏祠堂入口　　　图5-19　西河大湾村的张氏祠堂入口

5.2.2.3　风貌意象的"相似"特征

（1）表征肌理的"相似"意象

中原地区的自然地貌虽以平原为主，平原、山地和丘陵3类地貌分别占到了55.7%、26.6%、17.7%，但地貌环境的差异并没有令传统村落的风貌出现显著不同，其表征肌理仍然体现出一定的相似性。造成这种相似性的原因将在后续章节中详细论述，在此仅对主要原因进行简要概括。

第一，共同的建设动机。由于中原大多数地区皆不具备崖、岭、河、谷、涧、沟、林、洞等天然的防御优势，生长于中、东部平原地带的一干村落虽坐拥良田之便，但同样面临无险可守的尴尬境地。为保证安全，这些村落只能依靠人工建设的防御设施进行弥补，于是，中原地区最为常见的堡寨式村落应运而生。

第二，相近的资源条件。仍以堡寨式村落为例进行说明，鉴于自然资源、风貌条件、建设思想、地域审美等前提的趋同，这些堡寨式村落多拥有相似的格局形态，比如：都具有河（护城河）、墙（城墙）两道防御体系；都配有寨门、吊桥、炮楼、瞭望台等附属设施；多呈南北坐向的方形布局；路网结构多由一条主路或十字街构成，辅路多采用断头、丁字转角（临沣寨）、"S"形（陶城镇）等形式……

第三，相似的地域称谓。据调研，在豫中地区的密县一带，仅明清时期的堡寨式村落遗存就达387个，占全县村庄总数的25%；在豫东地区的鹿邑一带，仅以"寨"命名的村落就有31个；豫西地区的洛宁一带，现存堡寨式村落（含遗址）300余处（图5-20、图5-21）。

第四，相似的建设习惯。生长于豫西、豫南、豫北山地或丘陵地带的传统村落，建设习惯颇为类似。比如：多会在沟口、峪口处横筑寨墙，俗称"打寨"；多在村外加以围护，以木栅为材料的俗称"寨圩子"，以黄土夯打的俗称"打寨"；多将护寨河建于圩子下方，开凿成深长余、宽数丈的水沟，俗称"寨海子"。

图5-20　平顶山郏县冢头镇李渡口村的
　　　　门楼和街巷

图5-21　平顶山郏县堂街镇临沣寨（村）的
　　　　门楼和街巷

（2）文化习俗的"相似"意象

前文曾经提到，中原文化的最大特质在于始源性和连贯性，周河乡在道光年间尚为周河村，当地的邬、晏、李、陈、杨五姓都是小户人家，为反抗大姓望族的欺凌，经协商后决定在马山岭联合建立一座祠堂，大门横匾上书"五姓宗祠"字样。

文化习俗的"相似"意向主要表现在相似的功能空间节点。中原地区传统村落的空间功能相似性，主要体现在井、塘和场三类节点。水井在中原古已有之，《周易》中的"井卦"即是对中原地区"凿井而饮，耕田而食"的真实生活写照；塘，在中原地区传统村落中多作储水之用，又有临水和不临水之别，临水之塘称"塘"，以豫南地区为最多，不临水之塘称"坑"，多见于豫中、豫西等地；场，即粮场，一般用于打、晒粮食。中原地区传统村落中的"场"多分为公用和私用：公用的场又有数家公用和全村公用之别，一般面积较大，形态以长方形和方形居多，多设在村内（山区或丘陵地带）或村外（平原地带）。私用的场多为各家所有，一般面积较小，有墙围护的称为"场院"，多紧邻设各家宅院。

从以上特征来看，中原地区传统村落的风貌似乎真如外界所说——"模糊"而"辨识度低下"，但实际上，这是一种常见的误解，其原因既有关于自然灾害的毁坏，又有关于文化的特质。在后续的论证中，将详细阐述对其风貌特征的解读过程。

5.2.3　中原地区传统村落的风貌成因

5.2.3.1　人为因素：战乱

战争，素来就在人类历史的发展进程中扮演着重要角色，中原地区也不例外。据《中国历代战争史》记载：古代中原是中国战乱发生频率最高的地区。从公元前221年秦灭六国到1840年鸦片战争的2061年间，中原地区共发生过重要战役721起，占全国战争总数的1/6。

从武王伐纣、周公东征、春秋争霸、战国群雄、楚汉相争、光武中兴、曹魏称雄、瓦岗起义、陈桥兵变、宋金对峙等一系列耳熟能详的历史典故中，便可隐隐说明中原地区战乱频繁的诱因——或出于对优势文明的觊觎，或出于对正统名分的贪图。但无论如何，战争对中原，尤其是对当地众多的传统村落造成了难以估量的影响。

首先，战争直接令中原地区生产建设的核心推动力——人口大幅下降。从表5-1可知，每次朝代更替前后，中原地区的人口数量均会出现较大波动。除直接造成中原地区人口的毁灭性减少外，战争还间接加速了中原人口的外迁频率，也同样加剧了中原文明的快速衰退。历史上，中原地区共出现过3次较大规模的人口迁徙：第一次迁徙，发生在西晋末年，主要由中原迁至河南与湖北交界处，以及沿长江南北两岸的皖、赣地区①；第二次迁徙，发生在天宝十四年（755年），长达7年之久的"安史之乱"导致中原人民大量南移②；第三次迁徙，发生在北宋靖康年间（1126年—1127年），"靖康之变"使得中原人民大量迁居至长江中下游地区。统计资料显示：从绍兴二十九年（1159年）至淳熙六年（1179年）的20年间，南方人口总数增加了近3/4，其中相当一部分就是为避战乱而南迁的中原百姓。

表5-1　唐河南道部分州府各阶段户数表（单位：户）

州府	贞观	开元	天宝	元和
洛州（河南府）		127 440	194 746	18 799
郑州	18 793	64 619	76 694	13 944
陕州	21 171	47 322	30 950	8700
虢州		17 742	28 249	5236
汝州	3884	26 053	69 374	13 079
许州	15 715	59 717	73 247	5291

其次，战争直接导致了大批珍贵史证资料的损毁和遗失。不管是出于"镇压王气"的迷信思想，抑或是出于贪欲作祟的资源掠夺，每次改朝换代之时似乎都存在着将前朝遗存付之一炬的"传统"。这种破坏可从北宋李格非所著的《洛阳名园记》中得见一二，《洛阳名园记》记载：唐时，洛阳郊区尚有私人宅院、园林1000余处，至宋时，则仅剩十之

---

① 据《晋书·王导传》载："俄而洛京倾覆，中州士女避乱江左者十六七。"

② 在李白所著的《为宋中丞请都金陵表》中曾经写道："天下衣冠士庶，避地东吴，永嘉南迁，未盛于此。"

二三……及至近代，持续 10 年之久的"文化大革命"（1966 年 1 月——1976 年 10 月）堪称近代以来中原地区传统村落的浩劫：上至南阳武侯祠、汤阴岳飞庙、安阳县明赵简王朱高燧墓、周口鹿邑县老子讲经台，下至神垕镇关帝庙、新县西河大湾村大圣庙、新县八里畈镇丁李湾村……几乎所有的古村镇都难逃厄运，也因此而"彻底"丧失了自主修复的元气。

5.2.3.2 客观因素：灾害

"一曰'天'（天灾）、二曰'官'（政府徭役）、三曰'军'（军队物资供给）、四曰'钱'（高利贷）、五曰'愚'（经营不善）"，这首在中原地区广为流传的"五逃"民谚，充分说明了天灾对中原地区历史遗存所造成的巨大破坏。在所有自然灾害之中，危害最大的当属洪灾。

历史上，黄河下游地区素来便以"善决善淤善徙"而闻名。《元史·王行志》记载，元末至正元年（1341）到至正二十六年（1366），中原地区几乎每年都会发生特大洪水。

至正四年（1344），黄河在曹州、汴梁等地决口 3 处，人民游移多达 45.8 万户。再以"七朝古都"开封为例：秦王政二十二年（前 225），秦大将王贲攻魏，引河沟水灌大梁，大梁城坏；明太祖洪武二十年（1387）六月，黄河决口，水自北门入城，淹没官民房舍甚多；明惠帝建文元年（1399），黄河决口，水自封丘门入城，宫廊民舍塌坏甚多，城内长期积水；明成祖永乐八年（1410）秋，黄河决口，毁城 200 余丈，民被患者万四千余户，没田七千五百余顷；明英宗天顺五年（1461）七月，黄河决口，水自北门入城，官私房舍，淹没过半，居民死亡无数；明思宗崇祯十五年（1642）四月至九月，为消灭李自成所率义军，城内官军在黄河大堤掘口两处，城内原有 37 万人口，除少数外逃者，大部溺死，仅余 3 万人[1]……

图5-22　吴垭石头村的破败民居　　　　图5-23　石板岩地区的破败民居

---

[1] 归纳自《开封县志》。

其实，除上述两种主要原因外，还有如封建体制下对普通民居的重视程度较低、木制构件容易损坏（腐蚀、虫蛀等）、地域保护意识淡薄等一系列原因，它们共同造成了当下中原地区传统村落的遗存实际。但由于这些不是主要原因，故在此不一一赘述（图5-22、图5-23）。

5.3　中原地区的乡土资源利用情况

近年来，随着传统文化振兴的大势走向，中原地区的遗产保护意识较之以往有了不小提高，党和地方政府愈加重视对于传统村落的保护和开发工作。近年来，河南省委省政府专门制定了以"历史底蕴挖掘、地域元素融入"为核心的"美丽河南"建设方略，而在"中原经济区"建设中，"华夏历史文明传统创新区"又被列为需重点建设的内容子项之一。对于当地传统村落的开发现状，研究从保护等级、开发进度两个方面进行简要概述。

5.3.1　按保护等级

从保护等级来看，研究将中原地区的传统村落分为重点保护型、一般保护型、自主保护型和基本废弃型4类（图5-24~图5-27）。

（1）重点保护型村落

以历届国家级"传统村落""历史文化名村""景观村落"等名录内村落为主。该类村落普遍具有相对完整的物质遗存状态，地域特色也较为鲜明，它们以平顶山郏县临沣寨村、焦作博爱县寨卜昌村、巩义康百万庄园、安阳马氏庄园、信阳新县西河大湾村等为代表。

重点保护型村落的发展优势在于：

首先，有上级拨配的专项资金支持、受专项法律条款保护、设专人或专职机构监管。

其次，享有单独的保护或开发预案，其风貌形态、资源遗存皆能够得到更加系统、及时的整治与控制。

再次，因遗留、测绘或研究所需的前期资料较为完整（如图纸、文献等），更易获得社会开发机构、投资主体的垂青，先期及二次发展机会较多。

（2）一般保护型村落

以历届省市级"传统村落""历史文化名村""景观村落"等名录内村落为主。该类村落的物质遗存状态相对完整、地域文化特色相对鲜明，却在整体数量或价值总量上稍逊于重点保护型村落，它们以洛阳栾川县潭头镇拨云岭村、平顶山冢头镇柏坟周村、安阳林州石板岩乡草庙村、新乡辉县沙窑乡郭亮村等为代表。相较重点保护型村落而言，一般保护型村落虽也能够获得一定的财政或政策支持，但常因扶持力度小、整饬难度大等原因而失去较高的发展优先级。

（3）自主保护型村落

严格意义上说，这类村落以及下面的基本废弃型村落并不能被纳入传统村落的认定范围，但研究仍将其列举的目的在于：第一，虽然它们在风貌质量、文化存量等方面有所欠缺，但不乏存在某些价值较高的单体遗存（如庙宇、碑刻等）或文化形式（如物产、技艺等），这些片段化的资源依然颇能反映当地的民俗民风；第二，这类村落多分布在历史遗产保护区或风景保护区内，尽管本身不具备较高的知名度，却是构成地域整体风貌的重要组成部分。它们以泌阳盘古山附近村落、新郑具茨山附近村落、安阳小屯殷墟附近村落为代表。

与基本废弃型村落相比，自主保护型村落的优势在于其尚能保持一定的自主更新活力，只是因这种更新多表现为自发无序的拆改行为，结果导致了风貌现状与历史真实的较大差异。

（4）基本废弃型村落

以安阳林州打银岩村、南阳内乡吴垭石头村等为代表。它们多因区位偏僻（如悬崖顶或深山区）、交通困难、资源匮乏（如缺水、缺地）等问题，基本丧失了维系生长的发展动力，典型表现即为严重的"空心化"和生产、生活设施的荒废化。但与一般所说的"空心村"相比，此类村落却大都因为相对封闭的生长环境而保留着较为原真的风貌形态，理论上仍然存在开发利用的可能。遗憾在于，它们或因开发条件过于苛刻，或因开发成本要求过高而逐渐游离于人们的视野之外。

图5-24　重点保护型村落：临沣寨村　　　图5-25　一般保护型村落：寨卜昌村

图5-26　自主保护型村落：打银岩村　　　　图5-27　基本废弃型村落：辉附岩村

5.3.2　按开发进度

从开发进度来看，研究将中原地区的传统村落分为已开发、待开发和未开发三种状态：

（1）已开发村落，是指已具备开发方案或已完成风貌修复工作的村落对象，它们以平顶山郏县临沣寨、信阳新县西河大湾村等村落为代表。

（2）待开发村落，是指基本具备开发条件，但尚无具体开发方案或未完成风貌修复工作的村落对象，它们以焦作博爱县寨卜昌村、平顶山郏县李渡口村等村落为代表。

（3）未开发村落，是指既不具备开发条件，又不具备开发方案或未开展风貌修复工作的村落对象，它们以新乡辉县水磨村、鹤壁浚县白寺村等村落为代表。

附录　近期研究侧重与系列成果前瞻

附1.1　研究方向

团队紧跟国家"乡村振兴"的政策导向，密切贴合中原传统村落开发的地情实际，研究方向大体包括以下七个方面：

（1）中原传统村落景观肌理特征提炼研究

（2）中原传统村落乡土色彩规划导则研究

（3）中原传统村落开发策略准适性评价研究

（4）中原传统村落可持续更新策略研究

（5）中原传统村落风貌修复中的生态技术研究

（6）基于BIM平台的中原传统村落参数化技术研究

（7）中原传统村落数字博物馆建设研究

附1.2　奋斗目标

（1）对中原五大地域片区（豫东、豫西、豫南、豫北、豫中）内的国家级传统村落展开深入调研，精细类比其景观风貌的地域差异和形成机制，解决长期困扰的特色失语难题。在此基础上，提出数字信息资料库的架构方案，填补我省传统村落数字化归档的空白。

（2）以文化地理学、文化现象学、风景园林学为学理依据，提出"演化机制分析——特征精细甄别——生态开发策略——景观预警评价"的整套开发思路。

（3）在遗存状态残破、文化背景同源、区位分布密集、风貌类型相似等地情问题细分的前提下，总结可操作性强的资源评价策略、旅游开发策略、保护预警策略，形成全面、科学的本土建设经验。

（4）计划出版如《景观肌理特征研究》《景观风貌预警机制研究》《数字化保护技术研究》等专题与中原传统村落的系列专著，能够顾及当前开发的典型问题和未来导向，适于为政府决策和开发行为提供全面、系统、科学的依据。

附1.3　拟解决的科学技术难题

（1）中原传统村落景观风貌特征的提取与再现：因天灾人祸、经济基础薄弱、保护意识淡薄等，中原传统村落普遍面临物质基底残破、史证资料缺失等问题，研究和开发环境的不友好直接导致其地域特色的严重失语。所以，这是拟解决的首要科学难题。

（2）中原传统村落的数字信息资料库建设：将大数据技术运用至传统村落保护领域，是左右河南省乡村振兴质量的重要命题。在"中国传统村落数字影像博物馆"的建设中，河南的登记数量（处）位于全国倒数，且分类逻辑、传达信息均不能科学体现我省传统村落遗存的真实状态和地域魅力。所以，这是拟解决的另一科学难题。

（3）中原传统村落开发的专项策略及准适评价：与其他地域相比，我省的传统村落遗存无论在形成机制上还是风貌特征上，都具有极强的特殊性。然而，却没有地情问题针对性强、理论转化可操作性佳的策略依据，长期处于套用、模仿等低层次的建设阶段。所以，如何科学、系统地补充相关不足，将是拟解决的又一科学难题。

附1.4　创新性贡献

（1）扎实的基础资料采集工作：由于天灾、人祸等，以及近代经济基础的薄弱和保护观念的寡淡，绝大多数中原传统村落都存在严重的物质遗存残破、史证资料缺失现象。正因如此，在中原地区展开传统村落研究的地情条件并不友好，图纸、论文、专著等成果的不足，令其在学术界一直未能得到足够的重视。研究团队组建以来，首要的工作重心即在于基础资料的补充，多年来数次展开田野调研，收集、测绘、录像、整理了多达数十万字的基础资料，并计划构建"中原传统村落基础资料库"，这一工作不仅能够很好地对专题研究做出弥补，而且为后续的研究夯实了基础。

（2）学术观点新颖：如前所述，受限于尴尬的地情特殊性，中原地区传统村落普遍面临着"风貌特征失语"的境地。受成本回收等商业刺激的影响，加上历史考证、资料收集所需要的时间过长，很多开发决策、开发行为都为求"捷径"而不自觉地采用复制、抄袭、拼贴的手法，缺乏贴近本土地情实际、历史原真的理念策略。研究团队组建以来，提出了"原型甄别"、"文脉弥合"、"簇—群"联结、"准适评价"等颇富创意的研究思路，并分别将上述思路发表在《中国园林》《地域研究与开发》《现代城市研究》《世界地理研究》等权威的期刊，受到了不少业界专家、学者们的肯定，这些思路现已形成较为系统、清晰的逻辑，可以预见未来必将产生更多丰厚的成果。

由于"传统村落"是专属于中国的称谓，且中西方客观存在的审美观、价值观、认知习惯、国情差异，所以国际上的相关研究并无直接可比性。而在国内学术界，结合上述两点来看，能够说明团队研究已经颇为深入，其理论深度属于国内领先水平。

附1.5　系列成果前瞻

（1）系列专业教材

《中原传统村落景观肌理特征解析》，编写中。

《中原传统村落乡土色彩修复导则》，编写中。

《中原传统村落历史街巷风貌修复》，编写中。

《中原传统村落传统建筑风貌修复》，编写中。

（2）系列研究专著

《中原传统村落手绘纪实图谱》系列，计划出版4册：豫南篇、豫西篇、豫中篇、豫北篇。

《ID+C行走十五年——中原传统村落特辑》，计划出版5册：豫东篇、豫西篇、豫南篇、豫北篇、豫中篇。

参考文献

第一章

[1] 百度百科：绿色设计 [EB/OL].https://baike.baidu.com/item/%E7%BB%BF%E8%89%B2%E8%AE%BE%E8%AE%A1/6099111?fr=aladdin，2020-07-16.

[2] 黄巧能.基于低影响开发理论的既有建筑外界面改造设计研究 [D].武汉：湖北工业大学，2019.

[3] 邬建国.景观生态学：格局、过程、尺度与等级 [M].2 版.北京：高等教育出版社，2007.

[4] 百度百科：重组 [EB/OL].https://baike.baidu.com/item/%E9%87%8D%E7%BB%84/5408?fr=aladdin，2020-07-18.

[5] 路丽梅，王群会，江培英.新编汉语辞海 [M].北京：光明日报出版社，2012.

[6] 百度百科：解构主义 [EB/OL].https://baike.baidu.com/item/%E8%A7%A3%E6%9E%84%E4%B8%BB%E4%B9%89，2020-7-18.

第二章

[1] 思维导图 [EB/OL].https://baike.baidu.com/item/%E6%80%9D%E7%BB%B4%E5%AF%BC%E5%9B%BE/563801?fr=aladdin，2020-07-20.

[2] 路丽梅，王群会，江培英.新编汉语辞海 [M].北京：光明日报出版社，2012.

第四章

[1] 童明.布扎与现代建筑：关于两种传统的断离与延续 [J].时代建筑，2018（6）：6-17.

[2] 谢冠一，段惠芳.从形式出发的空间设计训练法 [J].建筑与文化，2020（3）：41-43.

第五章

[1] 王纪武 . 人居环境地域文化论：以重庆、武汉、南京地区为例 [M]. 南京：东南大学出版社，2008.

[2] 百度百科：裴李岗文化 [EB/OL].http://baike.baidu.com/link?url=MAI_n7o4i4X2I9E2SCTEMmOffnybQWXudqBf4lESk3A-G1HQhWB8yD9ubvPkPywbgWKu1JxvxuofqMEFIyeg6K，2020-07-24.

[3] 郑东军 . 中原文化与河南地域建筑研究 [D]. 天津：天津大学，2008.

[4] 台湾三军大学 . 中国历代战争史 [M]. 北京：军事谊文出版社，1983.

[5] 徐梦莘 . 三朝北盟会编：靖康中帙三 [M]. 上海：上海古籍出版社，1987.

图片来源